ELECTRIC ENERGY SUBSTITUTION PRACTICAL HANDBOOK

电能替代实用手册

国网电力科学研究院有限公司

国网电力科学研究院（武汉）能效测评有限公司

组 编

中国电力出版社
CHINA ELECTRIC POWER PRESS

内 容 提 要

本书详细阐述了典型电能替代技术原理、项目挖潜流程、经济技术性分析和详细案例分析，并辅以大量的现场照片和详细的文字说明，有效指导电能替代项目从潜力挖掘、项目前期评估、项目实施以及项目后评估全流程。本书案例全面，内容详实，针对性和可操作性强，对电能替代项目的营销、挖潜、实施和评估有着很好的示范作用。

本书主要内容包括电能替代战略与政策分析、电能替代技术及案例分析、电能替代项目的技术评价规则与业务全流程模式、电能替代商业模式及实施流程四部分内容。

本书可作为电能替代培训教材，也可供从事电力节能及能源服务方面工作的技术、管理人员使用。

图书在版编目（CIP）数据

电能替代实用手册 / 国网电力科学研究院有限公司，国网电力科学研究院（武汉）能效测评有限公司组编. —北京：中国电力出版社，2018.11
ISBN 978-7-5198-2564-5

Ⅰ. ①电… Ⅱ. ①国… ②国… Ⅲ. ①电力工业–节能–手册 Ⅳ. ①TM92–62

中国版本图书馆 CIP 数据核字（2018）第 243341 号

出版发行：中国电力出版社
地　　址：北京市东城区北京站西街 19 号（邮政编码 100005）
网　　址：http://www.cepp.sgcc.com.cn
责任编辑：马淑范（010-63412397）
责任校对：黄　蓓　王海南
装帧设计：赵丽媛
责任印制：杨晓东

印　　刷：三河市航远印刷有限公司
版　　次：2018 年 11 月第一版
印　　次：2018 年 11 月北京第一次印刷
开　　本：710 毫米×980 毫米　16 开本
印　　张：14.5
字　　数：224 千字
印　　数：0001—3000 册
定　　价：58.00 元

本书编委会

主　编　王　宇

副主编　丁　胜　刘　浩　肖楚鹏　邱泽晶　郝党强　黄　柯

参　编（按姓氏笔画排）

于　波	万长瑛	王世平	王业峰	王振宇	付　威
冯　伦	冯澎湃	任　帅	向　洁	刘　政	关　明
江　城	许　静	阮文俊	孙　哲	李　好	李　俊
李文庆	李明峪	李春东	李海周	吴　疆	吴凯槟
汪　宏	张　健	张良华	张建华	郑　鑫	赵　海
胡　锦	胡宝华	饶　尧	秦汉时	徐　杰	徐　骁
徐健健	郭　伟	郭　松	唐莎莎	黄　静	梁宝权
雷清松	翟长国	蔡　皓	滕姗姗		

前　言

当今世界，能源的消耗现状和未来的发展，与能源、经济和环境的协调关系，是各国共同关心的话题。电能在终端能源消费市场所占的比重，代表电能替代煤炭、石油、天然气等其他能源的程度，是衡量一个国家电气化程度和终端能源消费结构的重要指标。电能是清洁、高效、便利的终端能源载体，在大力推进低碳发展、大规模开发可再生能源、积极应对气候变化的全球发展趋势下，提高电能占终端能源消费比例已成为世界各国的普遍选择。

2013 年 8 月，国家电网公司印发电能替代实施方案，倡导"以电代煤、以电代油，电从远方来，来的是清洁电"的能源消费新模式。实施电能替代战略，可以减少城市大气污染，解决弃风、弃光新能源资源浪费的困境。电能替代是转变能源发展方式、实现能源战略转型、实施能源革命的重大举措。全面实施电能替代、提高电气化水平，对于解决弃风、弃光的消纳，优化能源结构、防治大气污染、提高新能源的利用水平至关重要。从外部环境看，随着污染的加剧、雾霾的频发，减少污染物的排放，为电能替代提供了良好契机。

结合我国电能替代技术水平和应用现状，对可替代能源消费以及技术工艺进行分析比较。目前，以电代煤、以电代油、以电代气主要有 15 类、24 种细分的电能替代技术。电能替代项目的不断推进，不仅可以快速提高用户用电负荷，促进光伏发电、风力发电等清洁能源的发展，提高发电效率，而且能够带动电能替代相关产业的发展，促进社会健康、稳定、持续发展。

电能替代业务中具体落地推进中更需要市场销售人员可以根据用户的生产与经营状况，为用户提供最准确、最经济的电能替代技术，而目前缺乏对电能替代技术精通的专业人员。鉴于此，国网电力科学研究院（武汉）能效测评有限公司组织部分省电力公司和节能公司的专业技术人员编写了本书，详细梳理了 18 类电能替代技术，全面分析了电能替代的形势和相关支持政策，结合相关省节能公司具体实施案例，提出了电能替代项目技术评价规则和业务实施全流程，以使读者对电能替代技术、实施背景、项目策划、设计、施工、验收、后评价等有一个全面、系统的了解，为电能替代项目大力实施和推广起到学习、借鉴、参考的作用。

　　本书在编写的过程中得到了来自各方面的协助和支持，多为国家电网公司领导与专家提出了宝贵的意见和建议。湖南、湖北、浙江、江苏、河南、江西等多个省电力公司节能公司提供了大量的电能替代案例资料，在此，一并表示我们衷心的感谢。

　　最后，希望本书的出版能对电能替代技术和项目落地推广起到推动作用，但限于编者水平有限，书中难免有不足之处，望广大读者批评指正。

编　者

2018 年 9 月

目　录

第一章
电能替代战略与政策分析

第一节　电能替代战略概述

电能替代是在终端能源消费环节，采用"以电代煤、以电代油、电从远方来"的能源消费新模式，包括电采暖、热泵、工业电锅炉（窑炉）、农业电排灌、电动汽车等多种替代技术。2013 年，随着大气污染日益加剧，雾霾频发，国家电网公司首次提出"两个替代"发展战略，并紧密围绕"以电代煤，以电代油，电从远方来，来的是清洁电"的战略部署，大力推进各领域电能替代。2016 年 5 月，发改委、财政部等八部委联合印发《关于推进电能替代的指导意见》，电能替代上升为国家战略，成为我国防治污染、改善环境、调整能源结构的重要抓手。

第二节　电能替代战略意义

电能具有清洁、安全、便捷等优势，在大力推进低碳发展，大规模开发可再生能源，积极应对气候变化的全球发展趋势下，已成为世界各国的普遍选择。当前，我国电气化水平偏低，大量的散烧煤与燃油使用是造成雾霾的主要因素之一。《电力发展"十三五"规划》指出，到 2020 年，我国电能占终端能源消费比重达到 27%。实施电能替代战略，既符合我国节约、清洁、可持续的能源发展战略，对推动能源消费革命、促进能源清洁化发展意义重大，又是提高终端电能比重、控制煤炭总量、减少污染的重要举措，也是构建新型电力消费市场，提升我国电气化水平，提高人民群众生活质量的有力手段。同时，也可带动相关产业发展，打造新的经济增长点。

第三节　电能替代形势与政策

一、电能替代形势

💡❶ 电能替代的必然性

电能替代，顾名思义就是以电能替代一次能源（如煤炭、石油等）在终端的消费，包括"以电代煤""以电代油""以电代气"等。目前，我国雾霾污染非常严重，而大量的散烧煤和原油消费是罪魁祸首。据统计，2016 年全国煤炭消费约 40 亿 t，占能源消费总量的 63%左右，大气主要污染物中，约 80%的二氧化硫、60%的氮氧化物、50%的细颗粒物来源于煤炭燃烧。特别是全国仍有 8 亿 t 左右的散烧煤，没有脱硫、脱硝、除尘装置，环境影响突出，是雾霾防治的重点。

相较之下，电能具有清洁、安全、便捷等优势，实施电能替代对于推动能源消费革命、落实国家的能源战略、促进能源清洁化发展意义重大。因此，无论从发展趋势、现实要求还是从技术条件分析，以电能替代为主要方向推进终端能源替代，符合我国基本国情。

👆❷ 电能替代的市场机遇

2016 年 5 月，国家发展改革委员会、国家能源局、财政部、环保部、住房城乡建设部、工业和信息化部、交通运输部、民航局联合印发了《关于推进电能替代的指导意见》（发改能源〔2016〕1054 号，以下简称《意见》）。《意见》从推进电能替代的重要意义、总体要求、重点任务和保障措施四个方面提出了指导性意见，为全面推进电能替代提供了政策依据。

（1）推进电能替代意义重大。当前，我国大气污染形势严峻，大量散烧煤、燃油消费是造成严重雾霾的主要因素之一。我国每年散烧煤消费约 7 亿～8 亿 t，主要用于采暖小锅炉、工业小锅炉（窑炉）、农村生产生活等领域，约占煤炭消费总量的 20%，远高于欧盟、美国不到 5%的水平。大量散烧煤未经洁净处理就直接用于燃烧，致使大量大气污染物排放。此外，汽车、飞机辅助动力装置（APU）、靠港船舶使用燃油也是大气污染物排放的重要源头。

电能具有清洁、安全、便捷等优势，实施电能替代对于推动能源消费革命、落实国家能源战略、促进能源清洁化发展意义重大。电能替代的电量主要来自可再生能源发电，以及部分超低排放煤电机组，无论是可再生能源对煤炭的替代，还是超低排放煤电机组集中燃煤对分散燃煤的替代，都将对提高清洁能源消费比重、减少大气污染物排放做出重要贡献。

稳步推进电能替代，还有利于提升我国电气化水平，提高人民生活质量，让人们享受更加舒适、便捷、智能的电能服务；有利于部分工业行业提升产品附加值，促进产业升级。此外，电能替代将进一步扩大电力消费，缓解我国部分地区当前面临的电力消纳与系统调峰困难，特别是个别地区的严重"窝电"问题。

（2）抓住重点，有的放矢推进电能替代。《意见》提出四个电能替代重点领域。一是北方居民采暖领域，主要针对燃气（热力）管网覆盖范围以外的城区、郊区、农村等还大量使用散烧煤进行采暖的，使用蓄热式电锅炉、蓄热式电暖器、电热膜等多种电采暖设施替代分散燃煤设施。从电采暖的发展方向可以看出，电采暖在整个供暖体系中属于补充供暖方式，未来北方地区居民采暖主要还是依靠热电联产集中供热，特别是背压式热电联产，这是能源利用效率最高的方式。国家发展改革委员会、国家能源局等印发的《热电联产管理办法》（发改能源〔2016〕617 号）中提出，未来将力争实现北方大中型以上城市热电联产集中供热率达到 60%以上。因此，发展电采暖，并不是要取代热电联产集中供热，这一点需要各地在供热规划中予以重视。二是生产制造领域，生产制造领域的电能替代需要结合产业特点进行，有条件地区可根据大气污染防治与产业升级需要，在工农业生产中推广电锅炉、电窑炉、电灌溉等。三是交通运输领域，主要针对各类车辆、靠港船舶、机场桥载设备等，使用电能替代燃油。四是电力供应与消费领域，主要是满足电力系统运行本身的需要，如储能设备可提高系统调峰调频能力，促进电力负荷移峰填谷。

"十三五"期间，将全面推进上述四个领域的电能替代，实现能源终端消费环节替代散烧煤、燃油消费约 1.3 亿 t 标煤，带动电煤占煤炭消费比重提高约 1.9%，带动电能占终端能源消费比重提高约 1.5%，促进电能消费比重达到约27%。预计可新增电量消费约4500亿kWh，减排烟尘、二氧化硫、氮氧化物约30万、210万、70万t。

（3）把握原则，稳妥有序推进电能替代。《意见》明确，推进电能替代应坚持"改革创新、规划引领、市场运作、有序推进"四项基本工作原则。当前，电力体制改革正在加速推进中，将逐步建立电力市场化交易机制，还原电力商品属性，推进电能替代必须与电力体制改革紧密结合，特别是充分发挥价格信号引导电力消费、促进移峰填谷的作用。

此外，还需要与能源发展、城市发展、产业发展、大气污染防治等规划或专项工作相结合，以规划为引领，明确发展定位与实施路径，同步协调推进相关工作。深入、持续、有效地推进电能替代，必须科学分析地区能源结构、产业特点、环保要求、财政支持能力等，通过试点示范等方式，因地制宜，稳步有序开展相关工作。要坚持市场化运作，引导社会资本投入，创新商业模式，加强设备研发，发挥市场在资源配置中的决定性作用。一定不能盲目推进，避免因"煤（油）改电"不可持续而造成"电返煤（油）"。

（4）政策支持，扎实有效推进电能替代。电能替代是一种清洁化的能源消费方式，有利于减少大气污染、提高人民生活质量，给社会公众带来普遍收益和社会效益，但其成本较高，难以完全通过一般的投资回报方式进行回收，必须有政策支持才能实施。为此，《意见》提出若干电能替代支持政策，可归纳为三个主要方面。

在配电网建设改造方面，一是将合理配电网建设改造投资纳入相应配电网企业有效资产，将合理运营成本计入输配电准许成本，科学核定分用户类别、分电压等级输配电价。二是国家将"十三五"的配电网改造资金拿出一部分用于电能替代配套电网改造，配电企业也要安排专项资金用于红线外供配电设施的投资建设，并建立提前介入、主动服务、高效运转的"绿色通道"，按照客户需求做好布点布线、电网接入等服务工作。

在设备投资方面，一是鼓励各地利用大气污染防治专项资金等资金渠道，支持电能替代。二是鼓励电能替代项目单位积极申请企业债、低息贷款，采用PPP模式，解决融资问题。

在项目运行方面，一是扩大峰谷电价价差，合理设定低谷时段，降低低谷用电成本。今后，还将结合电改进程，推动建立发输供峰谷分时电价机制。这些措施对利用低谷电进行蓄能供热的项目具有实质意义。二是鼓励电能替代企业与风电等各类发电企业开展双边协商或集中竞价的直接交易。通过直接交易，电能替代项目可以按有竞争力的市场价格进行购电。三是创新辅助服务机制，电、热生产企业和用户投资建设蓄热式电锅炉，提供调峰服务的，将获得合理补偿收益。

（5）明确职责，共同协力推进电能替代。电能替代工作涉及面广，需要各方密切配合，共同推进落实。为保障电能替代工作落实，下一步国家能源局将会同有关单位研究制定分地区、分领域的任务目标和实施方案。国家能源局各派出机构要配合做好电力市场建设、直接交易、辅助服务机制等工作，支持电能替代发展。地方政府要摸清潜力，找准定位，做好组织，协调困难，按照《意见》要求，制定适合本省（区、市）的电能替代方案，并推动实施。电网企业要主动服务，简化程序，及时做好电能替代项目配套电网建设改造与电网接入等工作。电能替代项目单位要积极主动推进项目，确保项目保质保量建设。电能替代设备生产企业要加强研发，不断降低设备成本。

二、电能替代相关政策

政策的支持是电能替代发展的最关键因素，近几年行业的飞速发展也证明了这一点。根据前瞻产业研究院发布的《2017～2022 年中国电能替代发展模式与投资战略规划分析报告》统计，2016 年 5 月国家发改委等八部门联合印发的《关于推进电能替代的指导意见》首次将电能替代上升为国家落实能源战略、治理大气污染的重要举措；之后国家部委又陆续出台了京津冀煤改电、船舶与港口防治专项行动等电能替代政策要求，电力"十三五"规划再次提出电能替代重点。

一系列的国家政策落地后，各地也相继出台相关扶持政策以"红利"方式助推电能替代项目的实施，如北京市出台"煤改电"配套电网、电价、设备补贴政策；江西省对电能替代项目给予新增电费支出 40%的运行成本奖励，以及不超过投资额 30%的建设成本奖励。电能替代相关政策规划解读如表 1-1 所示。

表 1-1 电能替代相关政策规划解读

	时间	正常名称	规划内容
国家 8 部委	2016.5	《关于推进电能替代的指导意见》	2016～2020 年,实现能源终端消费环节电能替代散烧煤、燃油消费总量约 1.3 亿 t 标煤,带动电煤占煤炭消费比重提高约 1.9%,带动电能占终端能源消费比重提高约 1.5%,促进电能占终端能源消费比重达到约 27%
环保部	2016.6	《京津冀大气污染防治强化措施》	推进京津冀重点地区农村散煤清洁化替代工作
国家能源局	2016.11	《电力发展"十三五"规划(2016～2020 年)》	2020 年,电能替代新增用电量约 4500 亿 kWh,实现能源终端消费环节电能替代散煤、燃油消费总量约 1.3 亿 t 标煤。力争实现北方大中型以上城市热点联产集中供热率达到 60% 以上,逐步淘汰官网覆盖范围内的燃煤供热小锅炉
河南	2016.9	《河南省电能替代工作实施方案(2016～2020 年)》	2020 年,在能源终端消费环节形成年电能替代散烧煤、燃油消费总量 650 万 t 标准煤的能力,带动电能占煤炭消费比重提高约 2.6 个百分点、电能占终端能源消费比重提高 2 个百分点以上
山东	2017.1	《关于加快推进电能替代工作的实施意见》	在工业生产、交通运输等领域开展"电能替代"组合拳,一些新规开始逐步实施
浙江	2015.6	《关于加快实施电能替代的意见》	到 2017 年底,完成电能替代电量 90 亿 kWh,其中全省煤(油)锅炉电能替代改造 1200 蒸吨;热泵应用 1200 万 m^2;电窑炉 72 万 kVA;冰畜冷 60 万 m^2;港口码头低压岸电覆盖率达到 50%;机场廊桥岸电设备覆盖率 100%
湖北	2017	《推进电能替代战略行动计划》	年推广热泵应用面积 80 万 m^2,电热锅炉替代燃煤锅炉 130t/h,工业电窑炉 1 万 kVA;冰蓄冷项目 100 万 m^2;港口岸电 0.5 万 kVA,力争各项措施共增加用电容量 80 万 kVA,实现电能替代净增电量 20 亿 kWh

第四节　电能替代规划与展望

实施电能替代战略是整个能源产业面临的共同任务,需要政府、企业和公民协同合作,群策群力。

在技术层面,电能替代战略涉及从电能生产、运输和消费的全流程角度:其一是电能生产侧,强调电源的绿色化和清洁化,从根本上减少煤炭等化石能源的消耗，对环境保护产生快速推进作用；其二是电能运输侧，强调优先从远方运输清洁电能，以输电替代输煤，把西部、北部的水电、风电、太阳能发电远距离、大规模输送到东中部地区，尽量避免高负荷地区新增并逐步减少污染程度高的传统电源；电能消费侧，强调优先消费电能，如将工业锅炉、工业煤窑炉、居民取暖和厨炊等传统用煤方式改为用电，减少直燃煤的使用，具体措施包括在城市集中供暖、工商业等重点领域实施大型热泵、电采暖、电锅炉等以电代煤、代气项目。

在实施层面，电能替代战略的推广受到了政府、企业和公民各方关注。另一方面，电能替代战略的发展与推广实施还存在着若干历史问题需要解决，同时在一定程度上也受能源行业现状制约，例如输电网和配电网建设及智能化程度、能源价格机制、支撑技术等。

一、电能替代发展中存在的问题与制约

全面实施电能替代战略，对于提高经济发展质量和效益、保障能源安全、促进节能减排、保护生态环境、提高人民生活质量具有重要意义。但由于受到我国化石能源禀赋的客观因素和计划经济思维惯性，以及传统观念等主观因素的影响，电能替代战略实施还会面临系列挑战。

☀① 能源价格机制阻碍电能替代快速实施

价格机制是实施能源替代的市场推动力。对于能源消费终端客户而言，各种终端能源的经济性是进行能源选择时的首要考虑因素。不同终端能源的价格必然影响市场选择。据测算，煤炭、天然气、焦炭的"折算电价"比电价低，石油和液化气的"折算电价"高于电价。电能相对煤炭、天然气等能源在现行价格体制下没有相对优势，消费者出于成本的考虑会倾向于选择煤炭等能源，这主要是因为我国当前的能源价格形成机制不完善，现行的能源低价政策使得传统能源的价格严重偏离其真实价值，主要原因是没有包含环境成本，造成价格扭曲，难以发挥市场优化配置资源的作用。随着能源价格政策的改革，能源价格比对关系逐步趋于合理，不可再生的石油和天然气价格将不断上涨，电能在终端能源消费市场的经济性将进一步凸显。

✋② 传统能源利用方式的路径依赖短期难以克服

以煤炭、石油等传统化石能源为主的能源消费结构是基于资源禀赋和工业化需求逐渐形成的，无论在微观层面还是宏观层面，现阶段我国传统化石能源的路径依赖还相当突出。一方面，技术锁定使得电能替代技术水平在短期内难以获得突破性发展，加之人们对常规化石能源投入了高昂的技术成本，比如我国大部分住宅小区都接入了燃气，部分小区都是燃煤锅炉集中供热供暖，没有政策激励和配套经费，改变其用能方式还存在现实困难。另一方面，为实现电能替代目标，需要制度层面的保障，如科学的规划和监管、协调的价格和财税政策，以及完善的产业制度等。从当前能源发展规划来看，虽然可再生能源发电产业地位正在逐步提高，但是要实现清洁能源对常规化石能源的完全替代还需要完善配套的制度建设，从新能源发展过程中依然存在的弃风、弃光现象来看，新能源发展的相关制度的完善绝非短期内能够完成。此外，从终端消费市场来看，人们对煤炭、石油等化石能源过分依赖的传统观念也难以迅速转变，需要激励性政策引导。

👆③ 电能替代战略需要智能电网协调发展

电能替代关键是绿色电力对传统电力的替代，重点是清洁和可再生新能源。我国新能源资源丰富，具备大规模开发潜力，当前新能源的开发主要是指对风能、水能、太阳能、核能、潮汐能及地热能等新型清洁能源的开发和利用。但我国新能源资源与生产力需求呈逆向分布，电源点远离负荷中心，风能、太阳能主要分布在西部和北部地区，而水能则集中分布在西南部，这些地区主要是经济欠发达地区，电力就地消纳能力有限；而我国的电力负荷中心主要集中在中东部地区，因此，需要大规模远距离输电，但分布式清洁能源发电并网会给电网的规划和运行带来一些技术难题和影响，主要涉及负荷预测、电源结构、电网扩展、电能质量、保护整定、频率控制、电压调节、供电可靠性等内容，随着我国新能源开发力度不断加大，新能源并网对传统电网日益提出挑战。以风电为例，我国已成为世界上风电装机容量最大国家，但弃风、限电成为了风电发展的阻碍因素。数据显示，2012 年全国弃风电量从 2011 年的 120 多亿 kWh 增至约 200 亿 kWh，占全年风力发电量的 1/5。主要原因是现有电网建设不足，

9

难以把不能就地消纳的电能大规模输送出去。目前，作为电能替代支撑体系的特高压和配电网还显滞后，主要是特高压建设急需提速，特高压工程在国家层面的核准、审批速度较慢，且配电网建设急需加强，由于历史欠账严重，局部地区供电能力不足问题时有发生，成为电能替代发展的潜在阻碍。

📖4 技术、标准体系支撑需要进一步规范化

电能替代的概念在 2013 年由国家电网公司提出，国内外对此尚无统一规划。国际标准化组织（ISO）、国际电工技术委员会（IEC）、美国电气电子工程师协会（IEEE）、美国机械工程师学会（ASME）等制定了有关港口岸电、热泵等的标准，我国在相关方面也指定了一些标准，但并不全面，不能对电能替代整体工作起到宏观的指导作用。电能替代方式多样，涉及建筑（采暖与制冷）、工矿、交通运输、农业等众多领域。现阶段，作为实现电能替代的重要方式发展的港口岸电、采暖电锅炉、分散式电采暖等技术，由于没有与其相关的装置技术要求、测量计算方法、效果评价方法等标准与规划，造成了市场鱼龙混杂，设备设计生产质量、销售商的服务水平等良莠不齐，严重阻碍了电能替代工作的推进。构建电能替代标准体系，才能使电能替代工作推进过程标准化、统一化、规范化，加速工作进程；另一方面，电能替代标准研究是一个长期、复杂的工作，标准体系和标准也是一个逐步完善、发展的工作，应该在电能替代工作中及时修订完善电能替代标准体系。

二、电能替代发展的规划与建议

对应以上电能替代战略发展中存在的问题与制约，电能替代发展的规划与建议如下。

💡1 完善电源绿色化政策，确保电能生产侧清洁化

能源替代必然需要大力开发绿色清洁替代能源，来实现能源总量的充裕和结构的优化，从而为经济社会的可持续发展提供能源保障。首先要大力鼓励发展清洁可再生能源。当前，在我国的电源结构中，火电仍占据 75% 比例，发电煤耗占全国煤炭消费量的 50% 以上，二氧化硫排放量占全国 45% 左右，二氧化碳排放量占全国的 30% 以上。小火电机组效率低而排放高，平均 1kWh 电的标

准煤耗在 450g 左右，比 600MW 的超临界火电机组超过了 150g。电源结构不合理，主要表现在小火电所占比例过大，水电开发速度不快，核电和新兴绿色电能发展缓慢。以水电、核电、太阳能、风能和生物质能等新能源为代表的可再生能源，相比传统化石能源，具有清洁无污染等优势，且其利用的主要途径就是转化为电能。因此，政府要出台政策，健全电力市场利益传导机制和利益分配机制，尤其要在新一轮电力体制改革中加强电价形成机制改革，改变年度发电计划指标管理体制、相对放开上网价格弹性，引入电力市场竞争机制，加强政府对绿色电力的补贴，市场中的利益主要包括火电企业、风电企业、天然气发电企业、电网企业、能源服务公司等相关方，而且都有发展可再生能源的动力。要进一步推行绿色电力强制配额政策，促进绿色能源消纳能力。

2 完善智能电网发展政策，确保绿色电能全额运输

实施电能替代需要智能电网的支撑。电网是电能传输的基本载体，智能电网是高效环保的能源运输体系的重要组成部分，可以大大提高能源生产、转换、输送和使用效率，增强能源供给的安全性、经济性、可靠性和环境友好性。智能电网是信息产业与能源产业的创新结合，其本质就是能源替代和兼容利用。我国官方对智能电网定义是：集成新能源、新材料、新设备和先进的信息技术、控制技术、储能技术，以实现电力在发、输、配、用、储过程中的数字化管理、智能化决策、互动化交易，优化资源配置，满足用户多样化的电力需求，确保电力供应的安全、可靠和经济，满足环保约束，适应电力市场化发展需要。美国也强调智能电网关键是多样化能源接入的电网可靠性，而全球发展的清洁电能大部分是分布式新能源发电，必然要求接入大电网才能真正优化电源配置。但分布式电源并不是大电网的拖累，北美大停电昭示了大电网安全保障问题，而停电区域内的多个分布式能源系统不仅得以保持运行，而且能够发挥黑启动功能，协助大电网恢复运行，吸取这一教训，纽约市和墨西哥城随后分别在本市范围内兴建了 5 个和 6 个分布式电源。由此可见，分布式能源是智能电网天生的合作伙伴。

我国智能电网发展首要的着力点就是要适应新能源和分布式能源的接入要求。以提供单一电力服务的第二代电网主要是依托大规模使用化石能源，在

现有环境条件下已不可持续。而发展新能源，实现清洁电能的大范围优化配置消纳与双向计量，必然需要电网具备强大的能源转换、高效配置和互动服务功能。中国科学院周孝信院士认为，未来输电网的功能将由单纯输送电能转变为输送电能与实现各种电源相互补偿调节相结合，形成国家主干输电网与地方输配电网、微网相结合的模式。主干输电网能适应大规模能源的大容量远距离电力输送、大范围优化配置和间歇性功率相互补偿等需要；配电网能适应中小型分布式电源的开放接入和电力需求侧互动管理的需求，其终端将多采用微网结构，形成多网合一的能源信息综合服务体系，逐步形成适宜接纳大规模分布式能源、能够向用户提供差异化服务的主动智能配电网。因此，应大力发展特高压电网，促进大煤电、大水电、大核电、大型可再生能源基地的集约化开发，形成交直流协调发展、结构布局合理的特高压骨干网架，构建资源配置能力强、抵御风险能力强、技术装备水平先进的现代电网体系。

❸ 加强价格政策引导，激发电能替代市场活力

短期看，可再生能源电价还高于传统能源电价，适应可再生能源特点的电力运行管理模式还没有完全建立，因此是否有完善的激励政策引导社会主动选择电能，形成淘汰高污染、低效率的用能方式，是电能替代战略成功实施的关键。近年来，我国在电能替代领域已经出台部分政策，如《关于开展节能与新能源汽车示范推广试点工作的通知》等针对电动汽车及热泵的替代政策。在《节能减排综合性工作方案》《节能减排"十二五"规划》等规划方案中，也多次强调了能源替代的重要性。国务院《大气污染防治行动计划》中提出多项要求，包括全面整治燃煤小锅炉，加快推进集中供热、"煤改气""煤改电"工程建设以及新能源智能电网等方面的技术研发等，这将为推进电能替代工作提供有力支持。同时地方政府也结合当地实际出台了一系列促进电能替代技术推广应用的政策措施。

但总体看，电能替代政策扶持力度还明显不足，一是电价支持力度不够，虽然部分地区出台特殊电价政策，但综合比较优势不明显。二是配套财政补贴和税收减免政策缺乏，目前政府对于大多数电能替代技术没有出台具有可操作性的支持性政策，在电能替代项目的财政补贴、税收减免、扶持投入等多方面

尚未形成配套政策，对客户选用节能环保设备缺少必要的激励措施。相关电能替代技术标准和法律法规仍不完善，电能替代市场标准不统一、操作不规范，不利于市场发展，相关的宣传、培训力度不够，缺乏电能替代工程技术的专业人才等，需要出台政策加强对电能替代的技术支持和市场推广应用。

三、电能替代发展前景展望

在推广应用电能替代进程中，政府进行合理的近期、中期、长期规划，完善相应政策，引领电网企业等单位制定相应的配套措施，与社区、企业和客户同步推进，才能有效促进电能替代战略实施。同时，加快智能电网建设，提升清洁能源消纳率，提升电能在终端能源的消耗比重。

☼❶ 能源供给侧与消费侧改革的抓手

我国的能源供给侧与消费侧的革命不仅是低碳的需要，也是大气环境质量的需要，更是国家能源可持续发展的需要。这就需要大幅度的调整现有能源系统结构，也就是供给侧要有大的变化，与之相应的消费侧用能方式也要有大变化。电能作为当前大规模应用能源中品质最高、控制最为灵活、自动化水平最先进的能源形式，在能源行业中具有无可替代的枢纽地位，在未来一段时间内都是效率最有保证的用能形式，随着其技术的发展，不但在降低能源利用效率与能源利用强度上有很大发展空间，而且可以辅助间歇性可再生能源平稳进入能源网络，是能源供给侧改革中重要组成部分。

☝❷ 全球能源互联网建设支撑

全球能源互联网是以特高压为骨干网架（通道），以输送清洁能源为主导，全球互联、泛在的坚强智能电网，适应各种分布式电源需要，将风能、太阳能、海洋能等可再生能源输送给各类用户。高效合理的电能替代技术体系可以使得全球能源互联网在能源利用效率方面得到进一步的提升，同时也使得电能的方便性、安全性为更多用户认可。

☌❸ 传统电网企业营销业务升级的基础

电网企业在能源行业重大变革之际，也需要转变角色思路拓展，从传统的电力系统安全稳定保护者的角色拓展为智能坚强的电力系统建设者。通过从实现内外联动，建立多单位、多专业、跨部门内外协同机制；明确分工职责，开展电能替代工作与营销传统业务的融合；优化工作流程，强化信息管理，保障项目质量等方面着手，将电能利用终端的推广与鉴别纳入到自身的责任范围，从而在未来能源行业中保持重要地位。

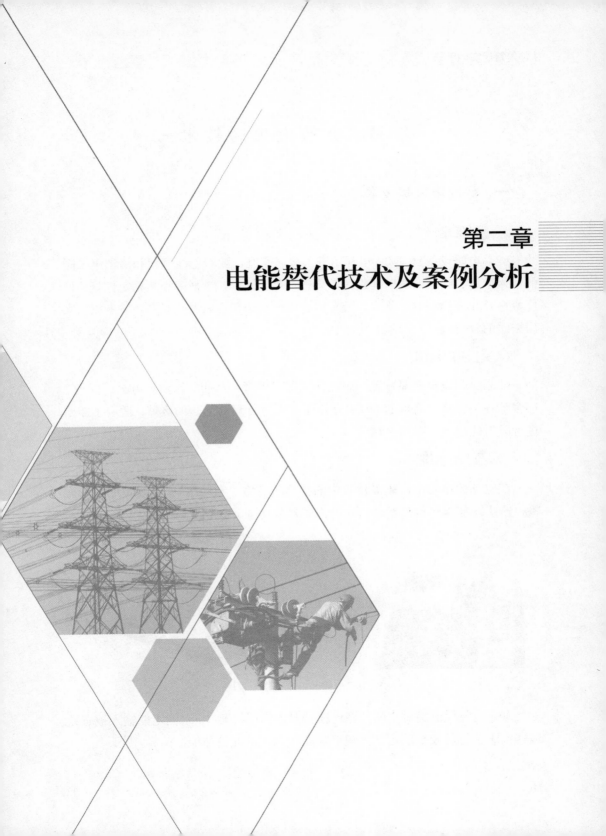

第二章
电能替代技术及案例分析

第一节 分散电采暖技术

一、碳晶电采暖技术

1 概述

碳晶电暖设备自 2009 年开始进入普通家庭，随着电能替代和清洁电采暖的深入推进，碳晶电暖以其采暖效果佳、节能减排、热平衡和热稳定性好、使用寿命长和便捷安装等优点，全面超越传统水暖和电阻发热设备，逐步成为家居采暖的领航者。

2 应用范围

碳晶电暖设备主要适用于居民住宅区、别墅、酒店、医院、办公、学校、宿舍等各类有采暖需求的场所；适用于需要进行局部采暖的区域；适用于需要进行融雪化冰、防冻的区域。

3 技术原理

在电场的作用下，碳晶设备中的碳分子产生"布朗运动"，发生摩擦和碰撞，产生热能以远红外线和对流的形式对外传播。如图 2-1 所示。

图 2-1 碳晶电暖工作原理图

碳晶电热板能够对空间起到迅速升温的作用，其 100%的电能输入被有效地转换成了超过 65%的远红外辐射热能和 30%的对流热能。

远红外辐射供暖：碳晶电热板在电场作用下，会辐射大量波长为 8～14μm 之间的远红外线，受体接受远红外线后，吸收能量转化为热能，温度升高。

对流供暖：碳晶电热板表面材料吸收能量后，发热体与蓄热层即达到动态平衡，蓄热层将热能缓缓地向室内贴近墙面（地面）的空气传递并逐渐上升，冷空气不断补充到墙面（地面）被升温加热，如此循环往复，实现空气的上下垂直对流，从而带动室内温度提升。

图4 案例分析

以国核示范电站有限责任公司碳晶电采暖示范项目为例。

（1）项目背景。国核示范电站有限责任公司位于山东省威海市。该公司办公区面积约 4550m²，位于海边，海风较大，夏季气温为 32℃，冬季日气温平均约 −3℃，2012 年最低记录为 −13.9℃。项目共四栋楼房，其中一栋一层，两栋二层，一栋三层，墙体为 24 墙，无保温，单层玻璃，层高 3m，保温性能一般。

（2）改造方案。根据办公楼设计热负荷 110～120W/m²，安装碳晶电暖设备为大楼供暖，安装明细见表 2-1，效果图如图 2-2 所示。

表 2-1　　　　　　　　安 装 明 细 表

项　　　目	产品规格	产品数量（片）	温控器数量（个）	配置总功率（kW）
国核示范电站办公楼	350W 墙暖	1025	172	358.75

图 2-2　安装效果图

（3）造价估算。主要设备估价如表 2 – 2 所示。

表 2 – 2　　　　　　　　　主 要 设 备 估 价 表

序号	名称	价格（元/W）	备注
1	碳晶板	0.8	1m² 碳晶板制热功率约 200W
2	温控器、连接电缆等主要材料	0.15	
3	施工安装费	0.15	
4	合计	1.1	

（4）经济效益。按上述造价估算，该项目总投资 38.97 万元。因为安装场所为办公室，只有周一至周五上班，一天实际工作时间为 5h 左右，一天的耗电量约为 1794kWh，采暖季四个月，除去周末，总共需采暖的时间大概为 90 天左右，一个采暖季的耗电量约为 161 438kWh，采暖费用约为 87 176 元（电价按 0.54 元/kWh 计算）。运行费用说明如表 2 – 3 所示。

表 2 – 3　　　　　　　　　运 行 费 用 说 明

	运行时间（h）	总功率（kW）	运行数量	实际工作时间（h）	一天的耗电量（kWh）	采暖季采暖天数（天）	一个采暖季耗电量（kWh）	一个采暖季度费用（元）
办公楼	10	358.75	100%	5	1793.75	90	161 437.5	87 176.25

与常规燃煤锅炉成本对比如图 2 – 3 所示。

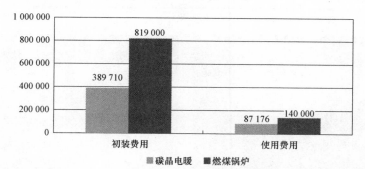

图 2 – 3　成本对比分析

该项目的实施每年新增电量约 161 438kWh，新增电费收入约 8.72 万元，运行成本比锅炉取暖节约约 5.28 万元。

（5）项目实施效果。威海国核示范电站有限公司碳晶电采暖安装工程实施效果如表 2-4 所示。

表 2-4　　　威海国核示范电站有限责任公司碳晶电暖安装工程

项目名称	威海国核示范电站有限责任公司碳晶电暖安装工程		
投资单位	国核示范电站	竣工日期	2013 年
年运行费用	8.72 万元左右	年节约费用	5.28 万元左右
年新增电量	161 438kWh 左右	初装费用	38.97 万元左右
年减少当地污染物排放量	可减少二氧化碳排放量 249.3t、碳粉尘 68t、二氧化硫 7.5t，氮氧化物 3.5t（每节约约 1t 标准煤，就减少污染排放 2.493t 二氧化碳、0.68t 碳粉尘、0.075t 二氧化硫、0.035t 氮氧化物），环境效益显著		

该项目建设于靠海的威海国核示范电站，积极响应了国家清洁发展的能源战略，通过碳晶设备的应用，有效降低了工程初始安装费用与运营成本，减少了燃煤使用与污染物排放，提高了供暖的舒适性，是具有典型意义和推广价值的碳晶电采暖示范项目。

二、发热电缆供暖技术

☀① 概述

发热电缆供暖技术最早起源于二十世纪二十年代的欧洲，并于 2000 年进入我国，是一种地面电热辐射来实现供暖的技术。该技术自推行以来，取得良好的应用效果，已在世界各国得到广泛应用。在我国北京、哈尔滨、沈阳等北方供暖地区也得到大面积推广，建设部也发布了《地面辐射供暖技术规程》（JGJ 142—2016），这种供暖方式已被世界各国认可，并列入节能设计标准之中。

☝② 应用范围

该技术适用于民用住宅（楼房、平房、别墅）、公用建筑（写字楼、医疗机构、洗浴广场、健身房等）供暖系统；适用于特殊用途畜牧业养殖建筑（厂房、花房、蔬菜大棚、恒温育雏室等）保温系统；适用于室外道路融雪、土壤加热、天沟融雪、管道伴热保温、屋顶、楼梯、飞机跑道等室外各类管路、线缆、储罐等工业装置的防冻、防凝、保温。

3 技术原理

发热电缆供暖系统主要由发热电缆、温感器、温控器、绝热层等组成。发热电缆由芯线、绝缘层、接地线、金属屏蔽保护层和外护套构成，其中芯线是主要的发热部分，是一种电阻丝，一般由金属或金属合金制成。在发热电缆两端加电压后，电阻发热产生热量，并向外辐射传递，电缆的热效率可达99%以上。发热电缆的组成图如图2-4所示。

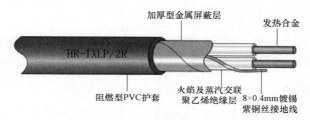

图 2-4　发热电缆的组成图

发热电缆内芯由冷线热线组成，外面由绝缘层、接地、屏蔽层和外护套组成，发热电缆通电后，热线发热，并在 40~60℃ 的温度间运行，埋设在填充层内的发热电缆，将热能通过热传导（对流）的方式和发出的 8~13μm 的远红外线辐射方式传给受热体。发热电缆的敷设图如图2-5所示。

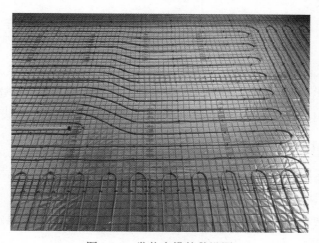

图 2-5　发热电缆的敷设图

发热电缆主要技术参数如下。

功率密度：17W/m。

使用寿命：50 年。

电压：最高 500V。

电流：16A。

最大负荷：混凝土为 30W/m，沙地为 25W/m。

温度持久性：连续可达 80℃，瞬时可达 160℃。

例④ 案例分析

以天津市塘沽区某小区发热电缆项目为例。

（1）项目背景。天津市塘沽区某小区于 2003 年建成使用，建筑采暖面积 10 万 m²。本项目是新建项目，项目所处位置在集中供热的末端，供热水的温度不够，开发商为提高供暖质量、降低能耗，决定选择铺设发热电缆。

小区概况：小区有两栋 12 层的高层建筑，17 栋六层建筑，拥有住户 1000 户，是塘沽地区首个做外墙保温以达到两步节能目的的项目。

电价：合表电价 0.51 元/kWh。

（2）改造方案。本项目采用发热电缆为小区供暖。

发热电缆容量配置：65W/m²。

层高多预留 5cm 的施工量，每间房间照明灯的旁边预留一个温控位置标准盒，地面至标准盒的墙内预留两根 20mm 的 PVC 穿线管，每栋楼外单配一个变电柜。

（3）造价估算。主要设备估价如表 2-5 所示。

表 2-5　　　　　　　　　主 要 设 备 估 价 表

序号	名称	价格（元/m²）	备注
1	发热电缆	90	
2	施工安装费	25	
3	合计	115	

（4）经济效益。

初始投资：该项目初始投资成本为 125 元/m²，含 3cm 厚的地面保温层、隔温纸、钢丝网、发热电缆、温控器（每房间一个）、人工费、税等，不含电力增容费。

运行费用：每个采暖季按 5 个月算，按墙体位置不同：顶层为 35 元/m²，东山墙为 2800～3000 元/m²，西山墙为 3000～3200 元/m²，中间层 1600～1800 元/m²。

项目经济效益：每平方米每年节约煤炭 21kg，节水和人工费 10 元/m²。

（5）项目实施效果。该项目将发热电缆技术应用于新建小区，既保证了居民供暖需求，同时也提高了生活舒适性与安全性，通过该项目实施，实现小区居民供暖零排放，每个采暖季可实现节约用煤 21kg/m²，符合国家清洁供暖和电能替代的发展战略，具有较好的推广示范意义。

三、电热膜技术

① 概述

电热膜最早起源于二十世纪 70 年代后半期，韩国是最早制订电热膜地暖应用规程并大面积推广应用的国家。二十世纪 90 年代末，电热膜技术引入我国，在不断地发展和应用中，电热膜经历了电热棚膜、电热墙膜和电热地膜三个发展阶段，现阶段我国已成为名副其实的电热膜应用大国。

② 应用范围

该技术可应用于多个行业领域，包括建筑领域（住宅小区、宾馆、写字楼、医院、学校、别墅、老年公寓、幼儿园、图书馆、商场等），工业领域（罐体保温、管道伴热、库房、工业厂房等），农业领域（蔬菜大棚、花房、育雏箱等）和家居领域（防雾镜、电热画、电热脚垫、电热炕、写字台板等）。

③ 技术原理

电热膜供暖系统主要由电热膜、PVC 封套、T 型电缆、连接电缆、电力分配器、膜片感温器、温控器、绝热层等组成。其主要发热材料电热膜在通电时，能将电能转换成热能并向外辐射传递能量。电热膜结构如图 2-6 所示，它的发热体由特制油墨及稀有元素组成的碳浆料印刷在基膜上组成。

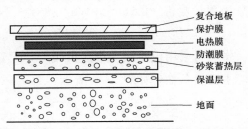

图 2-6　电热膜结构示意图

电热膜采暖产品技术参数如下。

额定电压、额定频率：220V，50Hz。

转换效率：99.69%。

膜片功率密度：158～195W/m²。

单片尺寸：360mm（宽）×0.95mm（厚）×315mm（长）。

单组膜片串联长度：≤组膜片长度。

绝缘电阻：干态大于 200MΩ，潮态大于 20MΩ。

泄漏电流：干态小于 0.03mA/片，潮态小于 0.05mA/片。

防电击能力：类电器标准。

耐压能力：3750V/min。

防水性能：高于 IPX7。

🗐④ 案例分析

以天津市河西某小区电热膜项目为例。

（1）项目背景。天津市河西某小区建于 2001 年，由于该地区集中供热管网未铺设，结合蓝天工程及热源多样化，天津市供热办将该小区作为天津市节能住宅实施低温电热膜采暖示范工程。

小区概况：该小区为采用外墙加厚保温的节能住宅，共 5 栋楼，每栋楼为 6 层建筑，小区整体坐北朝南。小区总户数 275 户，全部铺设了电热膜采暖。总建筑面积 2.74 万 m²。户均建筑面积约 99.68m²。

电价：住宅小区每户安装两块电能表，一块电能表为日常生活用电，另一块电能表专为冬季采暖设置。电采暖期，即每年 11 月 1 日至次年 3 月 31 日，采暖用电可按合表居民用户电价（0.51 元/kWh）执行，不执行居民阶梯电价政策。

（2）改造方案。本项目采用电热膜为小区供暖，并配套安装采暖电能表。

（3）造价估算。主要设备估价如表 2-6 所示。

表 2-6 　　　　　　　　　　主 要 设 备 估 价 表

序号	名称	价格（元/m²）	备注
1	电热膜	100	
2	温控器、连接电缆等主要材料	30	
3	施工安装费	30	
4	合计	160	

（4）经济效益。

初始投资：该小区作为采用外墙加厚保温的节能建筑，无需为电热膜采暖系统额外增容，省去了电力增容费用。按照电热膜采暖系统建设成本（含设计、安装、售后服务等费用）约为 160 元/m²，初始投资 4384 万元。与集中供暖 225 元/m²（热源配套费用 122 元/m²，小区供热管网、热计量表等费用 53 元/m²，户内散热器设备为 50 元/m²）相比，减少 65 元/m²，节能投资 1782 万元。

运行费用：根据实际采集的用户采暖季电费电量数据，小区户均采暖电费 1005.5 元，折合 10.36 元/m²；采暖费最高的是一户跃层，面积大，采暖电费为 3266.48 元，折合 24.6 元/m²。与集中供热 25 元/m² 的收费标准相比，户均节能采暖费用 1486.5 元，相当于每平方米节省 0.4 元。

（5）项目实施效果。该项目将电热膜技术应用于市政供暖无法覆盖的居民小区，在不进行电力增容的情况下，满足了居民供暖需求，同时也提高了供暖的舒适性，通过该项目实施，可节约初始投资 1782 万元，户均可节约采暖费用 1486 元，每采暖季可以减少煤炭消费 589.1t，减少二氧化碳排放 1708.4t，符合国家清洁供暖和电能替代的发展战略，具有较好的推广示范意义。

四、蓄热式电暖器技术

☀1 概述

电采暖是北欧国家通常使用的供暖方法。电采暖设备无需任何维护，使用起来极简单。控制电采暖系统的温控器使得温度准确地保持在所设定的温度。用电取暖更加方便、舒适、环保。蓄热式电暖器是将夜间廉价低谷电转化为热量蓄积起来，以供白天采暖使用，是一种具有良好发展前景的新型采暖系统。

👆2 应用范围

该技术适用于执行峰谷电价的建筑物采暖，适用于热力管道和燃气管道没有覆盖、有足够电力负荷、可以安置蓄热装置的大型公用建筑，也适用在市政供暖或燃气锅炉供暖不能满足要求的建筑。

👆3 技术原理

蓄热式电暖器是利用夜间低谷电，将电能转化为热能，通过蓄热介质进行储存，在需要时将所储存的热量，通过热风或热辐射，将热量释放出来，对建筑物供热。设备由加热元件（加热管）、蓄热砖、保温材料、温控器等部分组成。如图 2-7 所示。

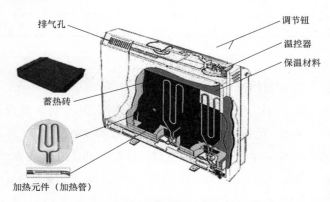

图 2-7　蓄热式电暖器结构示意图

蓄热式电暖器使用寿命为 10 年左右，电暖器的功率和型号根据房间面积的大小而定，一般功率等级如表 2-7 所示。

表 2-7   蓄热式电暖器选型表

序号	型号	功率（W）	适用面积（m²）
1	型号 1	1600	8~12
2	型号 2	2400	14~18
3	型号 3	3200	19~32

图4 案例分析

以北京某农户蓄热式电暖器项目为例。

（1）项目背景。北京煤改电项目某农户，建筑面积 100m²，建筑未保温。

（2）改造方案。项目采用 3 台蓄热式电暖器，合计用电功率 8kW。

（3）造价估算。项目主要设备估价表见表 2-8。

表 2-8   主 要 设 备 估 价 表

序号	名称	价格（元）	备注
1	蓄热式电暖器	7200	
2	其他辅助材料	—	
3	人工费	—	
4	合计	7200	

（4）经济效益。

初始投资：项目初始投资为 3 台电暖器投资，共 21 600 元。与集中供暖 225 元/m²（热源配套费用 122 元/m²，小区供热管网、热计量表等费用 53 元/m²，户内散热器设备为 50 元/m²）相比，初始投资减少 900 元。

运行成本：项目运行成本仅包括电费，按供暖期 120 天测算，北京地区低谷电采暖电价仅 0.1 元/kWh，采暖季内运行电费 768 元/采暖季。与集中供暖 25 元/m² 的供暖费用相比，可节约供暖费用 1932 元/采暖季。

（5）项目实施效果。该项目应用于北京农村地区煤改电示范区，采用了与常规电采暖有区别的蓄热式电暖器，因地制宜地解决了农户的供暖问题，在节约成本与费用的同时，为解决京津冀地区雾霾问题提供了新的思路，具有极大的推广应用价值。

第二节　电（蓄）热锅炉

☀1 概述

工业电锅炉也称电加热锅炉、电热锅炉，它是以电力为能源并将其转化成为热能，从而经过锅炉转换，向外输出具有一定热能的蒸汽、高温水或有机热载体的锅炉设备。电锅炉本体主要由电锅炉钢制壳体、电脑控制系统、低压电气系统、电加热管、进出水管及检测仪表等组成。

从技术发展的角度来看，工业电锅炉从电热转换方式上有电阻式、电磁式、电极式。电阻式是以金属和非金属为电阻元件，电磁式是利用感应线圈等电磁转换设备，使电能转换为磁能，再转换为热能。电极式是直接利用电源进行加热提供蒸汽或热水。

（1）主要分类。

1）按电热转换方式分3类：① 电阻式；② 电磁感应式；③ 电极式。

2）按介质分2类：① 水；② 导热油。

3）按结构形式分2类：① 立式；② 卧式。

4）按运行方式分2类：① 蓄热式；② 非蓄热式。

5）按出口工质分2类：① 热水（常压、承压）；② 蒸汽。

6）按出口压力分2类：① 有压（带压）；② 常压。

（2）主要优点。

1）结构最简单。是装有电加热元件的容器，实际只有"锅"，没有"炉"。

2）最洁净，对环境绝对"零"污染，绝对无任何烟尘和有害气体的排放。

3）热效率可达90%以上，比油、燃气锅炉还高，有的高达99.99%。

4）燃油、燃气锅炉为受压设备，安全要求高，每年必须进行年检。电锅炉大部分为常压设备，较为安全；电安全性也高。

5）无噪声。没有鼓风机、引风机噪声及燃烧器噪声。

6）油、气燃料为可燃、易爆品，消防要求高。

7）燃油、燃气锅炉有较多转动机械，维修费用和维修难度都较电热炉高。

8）燃油、燃气锅炉的操作需特殊工种，而电锅炉操作简单。

9）自动化程度高，且容易实现。

（3）主要缺点。

1）高级能源转化成低级能源。

2）初投资还牵扯到两方面：电网改造及设备配备等工程、直供户安装分时计量电能表。

3）运行费用目前较高，但可充分利用低谷电价蓄热运行。

✋2 应用范围

电锅炉按供应产品不同，可分为电热水锅炉、电蒸汽锅炉、蓄热电锅炉。电热水锅炉主要适用于学校、医院、工厂、超市、商场等人口密集型单位的生活热水和采暖。电蒸汽锅炉可用于纺织、印染、造纸、食品、橡胶、塑料、化工、医药、钢铁、冶金等工业产品加工工艺过程所需蒸汽，并可供企业、机关、宾馆、学校、餐饮、服务性等行业的取暖、洗浴、空调及生活热水。蓄热电锅炉适用于电能储存、热能储存、风电消纳、移峰填谷、电网平衡。

🔊3 技术原理

（1）电阻式电锅炉是以电阻丝通电产生热量，通过热传递对介质进行加热，每根或每组的加热功率固定，完全浸没在水中，根据压力可在 200℃ 以内运行，电加热元件通过绝缘材料与加热介质隔离，并且电器上设有相应保护。电阻式电锅炉结构示意图如图 2-8 所示。

（2）电磁式电锅炉是以电力为能源，采用电磁感应制热原理，水电分离、靠磁力线激活水分子加热，加热工作时加热核心部分对水形成很大的固定磁场，水通过后被磁力线切割，产生磁化水。磁化水具有不结垢的特点。高频导线不会温度太高，因而使用寿命更长，平均寿命在 20 年以上。电磁式电锅炉技术原理如图 2-9 所示。

图 2-8 电阻式电锅炉结构示意图

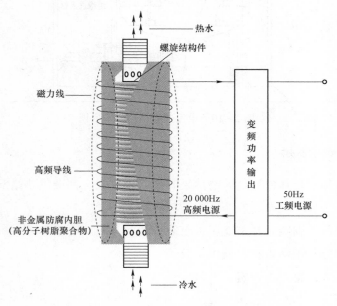

图 2-9 电磁式电锅炉技术原理

（3）电极式电锅炉是直接利用电源进行加热提供蒸汽或热水的设备。电极锅炉通过内部喷射循环管路把锅炉下部的"冷水"由循环泵打入锅炉的中心筒，并经中心筒侧面的喷水孔喷射至电极，经高压电直接加热喷射的水流。如此循环往复不断加热，提升水温。电极式电锅炉技术原理如图 2 – 10 所示。

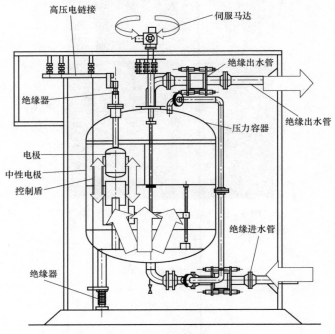

图 2 – 10　电极式电锅炉技术原理

案例分析

项目名称：吉林白城地区清洁采暖推广项目安广都瑞供热站配套 10kV 供电工程

投资单位：国网吉林节能服务有限公司

业主单位：国网吉林白城供电公司

投资模式：第三方投资

项目投资：393 万元

项目年收益：100 万元

年替代电量：3412 万 kWh

年增量电费：1569 万元

静态回收期：3 年

年减排量：734 010t、CO_2、1023.6t、SO_2，氮氧化物 511.8t

（1）项目背景。吉林省大安市广安镇风电资源十分丰富，弃风量较多，应充分利用弃风、可再生能源供暖，节约能源、绿色环保。采用电极式电锅炉进行电能替代。

1）替代前用能设备状况。替代前，大安市都瑞供热有限公司是白城地区大安市安广镇唯一的供热企业，供热面积 35 万 m^2，规划供热面积 60 万 m^2。热负荷设计为 $40W/m^2$（考虑电锅炉的热效率、官网热损等因数），每天 24h 供暖，供暖期为 178 天。供热站负荷为 14 000kW。

2）替代前存在问题及电能替代的需求。吉林省西部白城等地区风电资源比较丰富，风电装机较多，风电机组设计年运行小时平均在 2200h，由于当地消纳原因，风电机组年运行小时只有 1400h，约有 800h 的风电浪费。

（2）项目设计流程。电锅炉的项目需要从锅炉、电气、施工三个维度进行方案设计，其中，锅炉设计流程包括系统负荷测算、电锅炉选型、安装位置确认。电气设计流程包括变压器设计、电力线路设计、电力控制系统设计，施工设计流程包括确认施工设计、实施方案和预算、现场施工验收。项目设计流程图如图 2-11 所示。

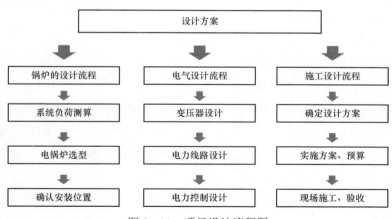

图 2-11　项目设计流程图

（3）项目实施流程。电锅炉项目实施流程主要包括：编写项目建议书及审批、编写可行性研究报告及审批、下达投资计划、签订合同、工程实施招投标、工程实施、验收与投运、节能收益分享、合同期满设备赠与、项目结束。实施流程图如图 2-12 所示。

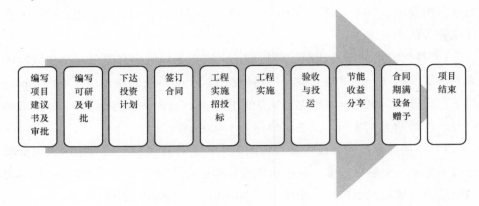

图 2-12　项目实施流程图

（4）商业模式与技术方案。

1）商业模式。项目由国网吉林省电力有限公司白城分公司、中广核风力发电股份公司吉林分公司、白城安广都瑞热力公司三方共同投资。其中供电部分建设由国网吉林省节能服务有限公司投资，与国网吉林省电力有限公司白城分公司签订合同能源管理合同。

2）技术方案。

a. 在供电侧加装供电变压器、供电线路；增加 1 台 3150kVA、66/10kV 的变压器，架设 3 条 10kV 供电线路及相应的自动、保护、通信装置。

b. 在原热力公司附近建设 1500m^2 的厂区，安装电蓄热及供暖设备。包括 3 台 10kV、10MW 的电锅炉，4 个 350m^3 的热水罐，3 个 400m^3 的板式换热器，1 套水处理装置，安装各类水泵若干台，如图 2-13 所示。

（5）项目经济与环境效益。

1）项目经济效益。项目实施后，每年替代电量 3412 万 kWh，按现行电价，新增电费收入不多，主要原因是在供电的低谷区域蓄热，电价相对较低。节约成本主要在热力公司一方。

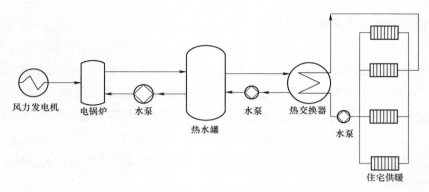

图 2-13　风电供暖原理图

2）项目环境效益。项目实施后，每年减少煤炭消耗量 6004t 标准煤，减排二氧化碳 34 010t、二氧化碳 1023.6t、减排氮氧化物 511.8t。

（6）项目总结及建议。

1）电锅炉的电能转换效率在 90% 以上，是改变用能方式，降低供热成本的有效途径。但即使是利用电网的谷电蓄热，成本也在 0.4 元/kWh 左右，高于现有燃煤锅炉的供热成本 0.2 元/kWh。要推广该类项目，需要积极争取政府政策电价的扶持。

2）配套蓄热系统的电锅炉可实现平衡电网优化与消纳弃风弃光的作用。在大量弃风弃光的地区推广，争取优惠电价，使项目具有可持续盈利能力，以节约化石能源，减少污染物排放。

3）推动政府出台环保政策。强制淘汰小容量的燃煤、燃油锅炉等。并出台相应初始投资、业扩补贴政策，鼓励企业选用电锅炉。

第三节　热　泵

一、概述

作为我国传统热源的燃煤锅炉，因其能源利用率低、造成大气污染等原因，在一些城市中，已经开始逐步被淘汰，而同时，引进燃油、燃气锅炉运行费用很高。在这种情况下，在经济、技术上都具有较大优势的热泵技术成为解决采暖、空调等生活热水供应的替代方式。

热泵具有可再生、高效节能、环保无污染、应用范围广的特点，能够实现低温热源向高温热源的能量传递，将低温位的热源热量提升为高温位热量。在一定的供热温度条件下，供热温度与热泵热源的温差与热泵炙热效率成反比。热泵热源可分为自然热源与生活和生产排热两类，前者热源温度较低，包括水、土壤、空气、太阳能等；后者排热温度较高，包括废水、废气等。热泵主要在商厦、办公楼、医院、学校等公共建筑和别墅、居民楼等住宅建筑的供冷（热）中得到应用。

当使用目的是从低温热源吸收热量时，热泵系统称为制冷机；当使用目的是向高温热源释放热量时，系统称为热泵。制冷循环和热泵都是消耗外功或热能而实现热量由低温传向高温的。制冷循环的目的是获得低温，热泵的目的是获得高温。热泵工作时，环境作为低温热源，而制冷机工作时，环境是高温热源。另外，热泵是一种以冷凝器放出的热量对被调节环境进行供热的一种制冷系统。就热泵系统的热物理过程而言，从工作原理或热力学的角度看，它是制冷机的一种特殊使用形式。它与一般制冷机的主要区别如下。

（1）使用目的不同。热泵的目的在于制热，研究的着眼点是工质在系统高压侧通过换热器与外界环境之间的热量交换；制冷机的目的在于制冷或低温，研究的着眼点是工质在系统低压侧通过换热器与外界之间的换热。

（2）系统工作的温度区域不同。热泵是将环境温度作为低温热源，将被调节对象作为高温热源；制冷机则是将环境温度作为高温热源，将被调节对象作为低温热源。因而，当环境条件相当时，热泵系统的工作温度高于制冷系统的工作温度。

热泵主要有水源热泵、空气源热泵和地源热泵。水源热泵将地下水资源或部分地表水作为热泵的冷热源，以地下水作为冷热"源体"，在冬季利用热泵吸收其热量向建筑物供暖，在夏季热泵将吸收到的热量向其排放、实现对建筑物供冷。虽然目前空气能热泵机组在我国有着相当广泛的应用，但它存在着热泵供热量随着室外气温的降低而减少和结霜问题，而水源热泵克服了以上不足，而且运行可靠性又高，近年来国内应用有逐渐扩大的趋势。海水热泵、污水热泵和工业废水热泵是应用较广泛的；空气源热泵以丰富的空气资源作为低温热源，通过冷媒作用进行能量转移。目前的产品主要是家用热泵空调器、商用单元式热泵空调机组和热泵冷热水机组。它包括大型冷风热泵机组、VRV热泵空调系统及热泵空调机等。凡是具有良好的空气获取能力及适当的安装空间的建筑均可使用空气源热泵；地源热泵是以大地为热源对建筑进行空调的技术，冬季通过热泵将大地中的低位热能提高对建筑供暖，同时蓄存冷量，以备夏用；夏季通过热泵将建筑物内的热量转移到地下对建筑进行降温，同时蓄存热量，以备冬用。由于其节能、环保、热稳定等特点，引起了世界各国的重视。

二、应用范围

☀1 水源热泵

以水作为热源的热泵称作水源热泵（Water Source Heat Pump，WSHP）。通常以海水、河水、湖水及井水作为低温热源。由于水的温度变化较小，水源热泵的性能通常要比空气源热泵（Air Source Heat Pump，ASHP）的性能好而且稳定。目前，以污水处理场凉水池的水作为低温热源的热泵系统已经在实际工程中采用，而且经济性能良好。以海水、河水或湖水作为低温热的热泵，一方面受自然条件的制约，另一方面，需要在热泵系统中采取水处理及防腐措施。

目前，以井水作为低温热源的热泵系统，是水源热泵机组和系统研究及应用的热点。井水，特别是深井水，全年温度基本稳定而且水质良好，是热泵系统比较理想的低温热源，在工程中采用较多。但是这种系统有可能存在回水困难、回水污染及破坏地下水生态资源等环境问题。从可持续发展的角度，这是一种不宜采用的方式。实际上，在许多国家地区，已有相应的法律，禁止采用地下水资源作为热泵系统的低温热源。根据水源热泵的特点，具体应用范围如下。

（1）生活小区。

1）没有外机，没有噪声，没有排放。小区环境更美观和谐。

2）提供生活热水，节约了热水器的投资，夏季免费使用生活热水，更节能。

3）采暖季节可轻易切换，与地板采暖相结合。

4）各种内机形式与装修完美结合。

（2）独立公寓、别墅。

1）降低一次投资，甚至可根据售楼入户情况分期投资。

2）更方便配合二次装修。

3）根据住户间隔区间，可提供廉价的生活热水。

（3）学校、医院、车站、政府办公楼。

1）无外机，更安全，不用担心人为伤害或破坏。

2）更环保节能，树立建设节约社会的榜样。

3）互相隔断的独立送风，避免交叉。

4）发生故障后可立即更换，减少使用风险。

（4）酒店。

1）地源热泵系统机组可方便提供生活热水，省去锅炉或热水器的投资，更加节能环保。

2）可远程控制机组的开停，真正做到按需索取。

（5）工厂。

1）供暖系统配套设施不全的地区更加适合，比锅炉供暖更环保，比风冷热泵空调更节能。

2）用最低投资和运行的成本满足工厂的高工艺需求。

此外，对于一些有水域资源的建筑，如临海、临江建筑，系统将更加方便节能。

2 空气源热泵

以空气作为热源的热泵称为空气源热泵或气源热泵。通常制作成能够供冷、供热的两用循环系统。空气源热泵需要依据给定的气候条件来设计，使其容量及效率在较宽的环境温度范围内达到保证。因此，需要在性能上解决这样一对矛盾，就是当需要供量最大时的空气源的温度最低，同时机组的容量及效率也最低。

此外，空气源热泵机组需要充分考虑不同循环条件下，节流机构的参数选择以及室内外两个换热器之间的合理匹配问题。在确定机组的容量时，对于一般地区而言，由于空调负荷大于采暖负荷，因而，根据空调制冷负荷确定即可。对于寒冷地区用户，在一定的时间内，空调负荷可能不再大于采暖负荷。在这种条件下，可以根据情况采取两种处理方法：一是以极端供热负荷及其对应的环境条件与机组的运行条件确定机组容量；二是仍然以空调制冷负荷确定机组容量，在机组供热量不能满足供热的条件下，采取补充辅助加热措施。

对于冬冷夏热的湿热地区，需要考虑的另外一个问题就是空气源热泵机组室外侧换热器的结霜以及由此带来的一系列问题。一般认为，环境温度在 −5～5℃之间为易结霜区，需要特别关注。

空气源热泵机组具有广泛的适用性，可在工业企业、市政建筑、居民生活等各个领域进行应用。

由于结霜问题和低于 −10℃ "低温低耗能" 问题的存在，以往空气源热泵热水器的应用主要集中于夏热冬暖区和夏热冬冷区的大中型城市。随着这两个问题的解决，空气源热泵可以进一步拓展应用于寒冷地区，如华北、关中、四川等地和部分严寒地区如辽宁、吉林、甘肃等地。

在工业领域，空气源热泵可适用于化工、有色、建材、烟草、纺织、机械加工、铸造、制药、食品加工等多个行业，在烘干、干燥、烘焙、脱水、电镀、清洗等多个工序。在市政与民用领域，空气源热泵机组适用于宾馆酒店、饭店、度假村、泳池、桑拿浴场、公寓、大专院校、医院、疗养院等需要热水的单位使用。

🔹❸ 地源热泵

地源热泵一般也称作土壤热源热泵（Soil Heat Pump）土壤热源热泵（Soil Heat Pump，SHP），以大地作为其低温热源。是一种利用地表浅层地热资源的高效节能空调系统，它由以水源热泵机组、地热能交换系统、建筑物内系统组成，以岩土体、地下水或地表水为低温热源的供热空调系统，通过少量的高位电能输入，将冷热量由低位能向高位能转移，实现供热（水）或者供冷目的。系统主要由热泵机组、地热能交换系统、建筑物内系统组成。根据地热能交换形式的不同，地源热泵系统可以分为地埋管地源热泵系统、地下水地源热泵系统、地表水地源热泵系统三种。

（1）地源热泵通常是将制冷盘管埋入地下，盘管与土壤进行热量交换，热泵系统自成封闭式系统。根据埋管的形式不同，这种系统又分为横埋和竖埋（又称为直埋）两种方式。但地源热泵也存在如下不足：

1）造价昂贵，施工条件苛刻；

2）可能泄漏，以引起土地污染；

3）可能引起土地的大面积龟裂。在工程上，一个可以借鉴的做法是，把管长约 100m、直径约 15cm 的管子作为一组，埋入地下。并通过一组小的内套管将水送到大管子的底部。

（2）根据地源热泵的特点，具体应用范围如下。

1）就适用场合来讲，地源热泵广泛应用于现代建筑的各种场合，工厂、车间、写字楼、高档宾馆、别墅等，但凡是是有制冷制热需求的场合，地源热泵都可以带给用户最大程度的舒适度以及节能效果。

2）就适用区域来讲，无论是在严寒的东北地区，还是在炎热的南方地区，地源热泵均能发挥其明显的节能环保优势，使用户的建筑能耗大幅下降，响应国家节能环保政策的同时，也为自己节省了大量的资金。

3）就地质环境来讲，地下水含量较高的地区，适合使用地下水系统形式的地源热泵系统，地下水含量降低但地面下 100m 内，地质以黏土层为主的地区适合使用地埋管系统形式的地源热泵系统，两个条件都不具备的，不适合使用地源热泵。

三、技术原理

☀1 水源热泵

水源热泵技术的工作原理是通过输入少量高品位能源（如电能），实现低温位热能向高温位转移。水体分别作为冬季热泵供暖的热源和夏季空调的冷源，即在夏季将建筑物中的热量"取"出来，释放到水体中去，由于水源温度低，所以可以高效地带走热量，以达到制冷的目的；而冬季，则是通过水源热泵机组，从水源中"提取"热能，送到建筑物中采暖。水源热泵机组原理如图 2-14 所示。

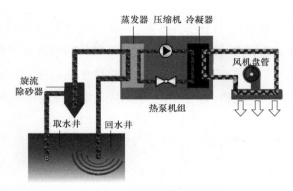

图 2－14　水源热泵机组原理图

　　常见水源热泵分为地下水系统和地表水系统，总体来看，水源热泵系统效率较高，与锅炉（电、燃料）和空气源热泵的供热系统相比，锅炉供热只能将90%～98%的电能或70%～90%的燃料内能转化为热量，供用户使用，因此水源热泵要比电锅炉加热节省2/3以上的电能，比燃料锅炉节省1/2以上的能量。由于水源热泵的热源温度全年较为稳定，一般为10～25℃，其制冷、制热系数可达3.5～4.4，与传统的空气源热泵相比，要高出40%左右，其运行费用为普通中央空调的50%～60%。另一方面，水源热泵机组供热时省去了燃煤、燃气、燃油等锅炉房系统，无燃烧过程，避免了排烟、排污等污染；供冷时省去了冷却水塔，避免了冷却塔的噪声、霉菌污染及水耗。所以水源热泵机组运行无任何污染，无燃烧、无排烟，不产生废渣、废水、废气和烟尘，不会产生城市热岛效应，对环境非常友好，是理想的绿色环保产品。

　　对于地下水系统，对水源要求水量充足，满足用户制热负荷或制冷负荷的需要，且供水稳定；水温适度，一般制冷水源温度18～30℃，制热水源温度9～22℃；水质适宜，对系统机组、管道和阀门不会产生严重的腐蚀损坏，适宜打井。

👆2 空气源热泵

　　空气源热泵机组由蒸发器、冷凝器、压缩机、膨胀阀四大主要部件构成封闭系统，其内充注有适量的液态工质。机组运行基本原理（供暖及供应热水）依据逆卡诺循环原理：液态工质首先在蒸发器内吸收空气中的热量而蒸发形成蒸汽（汽化），汽化潜热即为所回收热量，而后经压缩机压缩成高温高压气体，进入冷凝器内冷凝成液态（液化）把吸收的热量传递给需要加热的循环水中，循环水通过管路循环到散热末端进行供暖或提供生活用水，液态工质经膨胀阀降压膨胀后重新回到蒸发器内，完成一个循环。如此往复，不断吸收低温源的热传递给所需加热的水中，直至达到设定温度。相对制热，制冷过程是反向循环的过程。空气源热泵机组原理如图 2－15 所示。

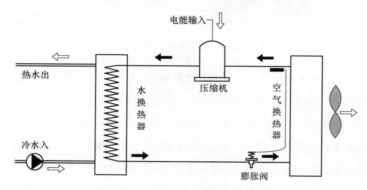

图 2－15 空气源热泵机组原理图

空气源热泵供热及制冷。以前，由于各种技术上的问题没有解决，利用空气源热泵供暖只适用于很小的一部分地区。近年来，低温热泵技术发展迅速，可以实现－22℃甚至更低环境温度条件下，从低温空气里汲取能量而实现冬季供热，并保持一定的能效比系数，因此，空气源热泵的使用范围不断加大。

空气源热泵制热水。目前，市场上宣传应用较多的民用空气源热泵热水器产品通常称为空气能热水器，能效比较高，较传统电热水器节能效果明显。

经过多年的发展，空气源热泵技术发展已经非常成熟，应用案例十分广泛，有众多国际国内设备供应商进行相关技术设备的研发制造。

🔒3 地源热泵

地源热泵是一种以浅层地能作为低温热源的热泵空调技术，它利用土壤温度相对稳定的特点，依靠少量的电力驱动压缩机，通过深埋土壤的闭环管线系统进行热交换，夏天向地下释放热量，冬天从地下吸收热量，从而实现制冷或供热的要求，具有传统空调系统无法比拟的节能、高效、环保等优点，是一项适应节约型社会，循环经济的先进技术。

在制冷状态下，地源热泵机组内的压缩机对冷媒做功，使其进行汽液转化的循环。通过冷媒/空气热交换器内冷媒的蒸发将室内空气循环携带的热量吸收至冷媒中，在冷媒循环的同时，再通过冷媒/水热交换器内冷媒的冷凝，由水路循环将冷媒所携带的热量吸收，最终由水路循环转移至土壤里。

在制热状态下，地源热泵机组内的压缩机对冷媒做功，并通过水路切换将水流动方向换向。由地下的水路循环吸收地下水或土壤里的热量，通过冷媒/水热交换器的冷媒的蒸发，将水路循环中的热量吸收至冷媒中，在冷媒循环同时，再通过冷媒/空气热交换器内的冷媒的冷凝，由空气循环将冷媒所携带的热量吸收。地下的热量不断转移至室内。地源热泵机组原理如图2－16所示。

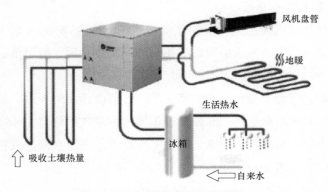

图2－16　地源热泵机组原理图

地源热泵发展经过了起步阶段（20世纪80年代至2000年）、推广阶段（2000～2004年）、快速发展阶段（2005年至今）三个阶段。随着《可再生能源法》《节约能源法》《可再生能源中长期发展规划》《民用建筑节能管理条例》等法律法规的相继出台；国家级可再生能源示范工程和国家级可再生能源示范城市的逐步推进，奠定了地源热泵在我国建筑节能与可再生能源利用中的重要地位，地源热泵系统应用进入了爆发式的快速发展阶段。在目前国家大力推广创建节约、节能型社会的大背景下，地源热泵作为空调领域的新技术，是完全符合可持续发展战略需要的绿色空调技术，具有广泛的发展前景。该系统集成熟的热泵技术、暖通空调技术、配套地质勘察技术于一体。地表土壤和水体不仅是一个巨大的太阳能集热器,收集了47%的太阳辐射能量,比人类每年利用能量的500倍还多,而且是一个巨大的动态能量平衡系统,地表的土壤和水体自然地保持能量,接受和发散相对的均衡。这使得利用储存于其中的似乎无限的太阳能或地能成为可能。所以说地源热泵是利用可再生能源的一种有效途径。地下温度恒定的特点也使热泵机组运行更可靠、稳定,保证了系统的高效性和经济性。通常地源热泵消耗1kW的能量,用户可以得到4.5kW以上的热量或冷量。地源热泵比传统空调系统运行效率要高40%,节省运行费用50%左右。另外,地源热泵装置的运行没有任何污染,是十分环保的一种产品。

四、案例分析

【案例1】水源热泵系统应用

(1)项目背景。河南电力医院住院部建筑面积为 6500m²,现夏季制冷采用分体式空调及窗机,冬季采用市政热力公司集中供暖。投资单位为国网河南节能服务公司。

现有空调大部分安装于1995年以前,已到设计使用寿命,出力下降,制冷效果差,故障率不断上升、维修费逐年增加。暖气系统自1996年运行至今,老化严重,故障不断,维修费逐年增加,所以考虑采用水源热泵机组代替原暖气系统及已到设计寿命的空调。

(2)项目设计流程。项目设计流程如图2-17所示。

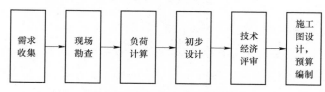

图2-17 项目设计流程图

1)需求收集。了解用户意向,获取建筑平面图,计算供热(冷)面积,分析建筑物位置、电力供应情况以及周围环境影响因素。

2)现场勘察。详细了解建筑物结构、屋顶或周围空旷位置面积、周围水源及其地理结构等。判断现场条件是否满足水源热泵或地源热泵的要求,为热泵选型提供依据。

3）负荷计算。根据当地标准结合实际需求计算所需空调热泵主机的容量。

4）初步设计。根据热负荷计算和初步选型结果，参照建筑图纸和既有空调系统管路图，设计管道走向和机组安装位置的方案，并编制投资概算书。

5）技术、经济性分析。对设计方案进行技术、经济性分析，召开专家评审会，完成修改后提交给委托单位。

6）施工图设计，编制预算。设计单位完成修改后出具详细的施工图设计书，并提供详细的材料、设备、工程预算清单；实施单位与客户签订工程合同或 EMC 合同后，即可根据工程进度和用户要求进入施工准备阶段。

住院部冷热源系统采用水源热泵系统，采用 1 台型号为 GHCL-700 的螺杆式水源热泵机组，机组参数见表 2-9，系统图如图 2-18 所示。

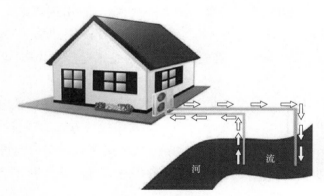

图 2-18　项目系统图

本项目共需三眼钢管井，一供两回，单眼井深约为 160m。

夏季：机组制冷供回水温度为 7~12℃；地下水供回水温度为 18~29℃。

冬季：机组制冷供回水温度为 40~45℃；地下水供回水温度为 15~7℃。

表 2-9　　　　　　　　　机 组 参 数

工质	R134	冷冻水循环量（m³/h）	120
制冷量（kW）	701	冷却水循环量（m³/h）	66

续表

工质	R134	冷冻水循环量（m³/h）	120
制热量（kW）	793	制冷工况供/回水温度（℃）	7～12
制冷功率（kW）	134	制热工况供/回水温度（℃）	49～43
制热功率（kW）	176		

（3）项目实施流程。项目实施流程如图2-19所示。

图2-19　项目实施流程图

1）改造前耗能测量。采用现场测量或者查询历史运行记录方式确定现场机组能耗，能耗数据应按夏季制冷和冬季供热两部分分别计算。

2）设备采购安装。设备进场，验收后，进行设备安装。

3）调试与试运行。空调工程一般调试完试运行24h即可交由客户方管理。

4）项目验收。采用客户方、投资方和工程承包方三方验收方式。

5）节能效益分享。适用于合同能源管理投资方式的项目，在EMC合同期限内的节能效益分享按合同约定方式按期执行，期内的设备运行可以交由客户负责，节能公司定期进行设备状态回访，并负责分享期内设备故障的解决。

6）设备移交。EMC合同期限结束时，节能公司应与客户办理设备资产移交手续。

（4）项目经济效益。该项目年替代电量为12万kWh，新增电费收入约10万元，采用水源热泵制冷供热年节约运行成本约15万元。

采用热泵系统替代常规供暖系统，每年实现各种温室气体和污染气体量的减排量为：二氧化碳225t、二氧化硫2.14t、氮氧化物1.56t。

【案例2】空气源热泵系统应用

（1）项目背景。天津市区某办公写字楼，采暖面积2520m²，建筑保温效果较差，基本没有保温措施。白天 10h 供热。

（2）项目设计流程。项目设计流程如图 2-20 所示。

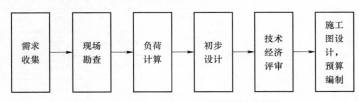

图 2-20　项目设计流程图

需求收集。了解用户意向，获取建筑平面图，计算供热（冷）面积，分析建筑物位置、电力供应情况以及周围环境影响因素。

现场勘查。详细了解建筑物结构、屋顶或周围空旷位置面积、周围水源及其地理结构等。判断现场条件是否满足水源热泵或地源热泵的要求，为热泵选型提供依据。

负荷计算。根据当地标准结合实际需求计算所需空调热泵主机的容量。

初步设计。根据热负荷计算和初步选型结果，参照建筑图纸和既有空调系统管路图，设计管道走向和机组安装位置的方案，并编制投资概算书。

技术、经济性分析。对设计方案进行技术、经济性分析，召开专家评审会，完成修改后提交给委托单位。

施工图设计，编制预算。设计单位完成修改后出具详细的施工图设计书，并提供详细的材料、设备、工程预算清单；实施单位与客户签订工程合同或 EMC 合同后，即可根据工程进度和用户要求进入施工准备阶段。

该项目采用了 6 台 20kW 的热泵主机，合计用电功率 120kW。该建筑冷负荷根据建筑实际情况设计，十四层夹层以及夹层所覆盖的部分设计冷负荷为 120kW/m^2，十四层未被夹层覆盖部分设计冷负荷为 240kW/m^2；十五层夹层部分设计冷负荷为 240kW/m^2，夹层覆盖部分设计冷负荷为 120kW/m^2，十五层未被夹层覆盖部分设计冷负荷为 300kW/m^2。冷热负荷明细表见表 2-10，总冷热负荷如表 2-11 所示。

表 2-10 冷 热 负 荷 明 细 表

房间	面积	冷负荷	冷负荷合计	热负荷	热负荷合计
十四层					
会议室前厅	40.5	240	9720	192	7776
会议室	44	240	10 560	192	8448
水池大厅	106.5	240	25 560	192	20 448
十五层					
办公室 10	39	300	11 700	240	9360
禅房	48	300	14 400	240	11 520
办公室 11	70.5	300	21 150	240	16 920
办公室 12	185	300	55 500	240	44 400
中凯盟预留	49.4	300	14 820	240	11 856
健身室（下）	363	120	43 560	96	34 848
前厅	161	300	48 300	240	38 640
走廊	90.25	300	27 075	240	21 660
健身室（夹层）	363	240	87 120	192	69 696

表 2-11 总 冷 热 负 荷 表

建筑类型	空调面积（m²）	总冷负荷	总热负荷
办公室、健身房	2520	369.5kW	295.6kW

空气源热泵选型：

夏季工况：单台制冷量 62kW，输入电功率 20.3kW，制冷能效比 3.05。

冬季工况：单台制热量 70kW，输入电功率 19.9kW，制热能效比 3.52。

数量：6 台。

总电功率：120kW。

制冷性能：62kW×6＝372kW≥369.5kW（总冷负荷）

制热性能：70kW×6＝420kW≥295.6kW（总热负荷）

（3）项目实施流程如图 2-21 所示。

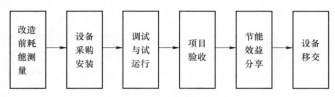

图 2-21　项目实施流程图

改造前耗能测量。采用现场测量或者查询历史运行记录方式确定现场机组能耗，能耗数据应按夏季制冷和冬季供热两部分分别计算。

设备采购安装。设备进场，验收后，进行设备安装。

调试与试运行。空调工程一般调试完试运行 24h 即可交由客户方管理。

项目验收。采用客户方、投资方和工程承包方三方验收方式。

节能效益分享。适用于合同能源管理投资方式的项目，在 EMC 合同期限内的节能效益分享按合同约定方式按期执行，期内的设备运行可以交由客户负责，节能公司定期进行设备状态回访，并负责期内设备故障的解决。

设备移交。EMC 合同期限结束时，节能公司与客户办理设备资产移交手续。

（4）项目经济效益。以下计算均依据：制冷季 90 天，每天 10h；供暖季 120 天，每天 12h；电费为 1 元/kWh（参考电价，具体项目请结合本地实际电价计算）；空调运行系数 0.52（不同时间，系统运行负荷不同，只有很少的时间系统能达到满负荷运行。通常 10% 的时间负荷在 90% 以上；30% 的时间负荷在 60% 以上；60% 的时间负荷在 40% 以上（参考美国 ARI 标准和中国行业标准 JB/T 4329—1997《容积式冷水（热泵）机组》）。如表 2-12 所示。

表 2-12　　　　　　　　　　运 行 费 用 计 算 表

方案 \ 项目	空气源热泵系统
夏季制冷费用	369.5（冷负荷）/3.05（能效比）×1.1（机房附属设备用电系数）×10h/天×1 元/kWh×0.52（机组运行系数）×90 天/夏季＝6.24 万元
冬季供暖费用	295.6（热负荷）/3.52（能效比）×1.1（机房附属设备用电系数）×12h/天×1 元/kWh×0.52（机组运行系数）×120 天/冬季＝6.92 万元

方案＼项目	空气源热泵系统
年耗电量	13.16 万 kWh
年运行费用合计	13.16 万元
全年每平方米运行费用	52.22 元/m^2

第四节 工业电锅炉

一、概述

工业电锅炉也称电加热锅炉、电热锅炉，它是以电力为能源并将其转化成为热能，从而经过锅炉转换，向外输出具有一定热能的蒸汽、高温水或有机热载体的锅炉设备。电锅炉本体主要由电锅炉钢制壳体、电脑控制系统、低压电气系统、电加热管、进出水管及检测仪表等组成。

从技术发展的角度来看，工业电锅炉从电热转换方式上有电阻式、电磁式、电极式。电阻式是以金属和非金属电阻元件通电后产生热量。电磁式电热转换技术是利用感应线圈等电磁转换设备使电能转换为磁能，再转换为热能。电极式锅炉是直接利用电源进行加热提供蒸汽或热水的设备。

从应用形式的角度来看，工业电锅炉可以分为直热式工业电锅炉与蓄热式工业电锅炉。直热式工业电锅炉是通过电加热方式直接加热水至热水或蒸汽状态并利用，蓄热式工业电锅炉主要是利用低谷电时段将电能储存为热能，并在用能时将储存的热能释放，减少运行费用。

二、应用范围

在工业领域中，可应用于火电厂、造船厂、石油、化学工业、建筑设备工业、医药行业、生物工程、食品工业及其他工艺当中。

在民用领域里，主要用于供热、宾馆酒店洗衣房、医院设备消毒、洗涤整烫、食堂、洗浴房、机关学校等场所。

三、技术原理

（1）直热式工业蒸汽电锅炉。主要分为三类，包括电阻直热式、电磁直热式和电极直热式电锅炉。

1）电阻式电锅炉是以电阻丝通电产生热量，通过热传递对介质进行加热，每根或每组的加热功率固定，完全浸没在水中，根据压力可在200℃以内运行，电加热元件通过绝缘材料与加热介质隔离，并且电气上设有相应保护。其外形如图2－22所示。

图2－22　电阻式电锅炉外形

2）电极式电锅炉是直接利用电源进行加热提供蒸汽或热水的设备。电极式电锅炉通过内部喷射循环管路把锅炉下部的"冷水"由循环泵打入锅炉的中心筒，并经中心筒侧面的喷水孔喷射至电极，高压电直接加热喷射的水流。如此循环往复不断加热，提升水温。电极式电锅炉如图2－23所示。

3）电磁式电锅炉是以电力为能源，采用电磁感应制热原理，水电分离、靠磁力线激活水分子加热，加热工作时加热核心部分对水形成很大的固定磁场，水通过后被磁力线切割，产生磁化水。磁化水具有不结垢的特点。高频导线不会温度太高，因而使用寿命更长，平均寿命在20年以上。电磁式电锅炉如图2－24所示。

图 2-23　电极式电锅炉

图 2-24　电磁式电锅炉

（2）蓄热式工业蒸汽电锅炉。

1）固体蓄热式电锅炉指的是蓄热材料为固体蓄热体的一种蓄热式电锅炉，其设备主要包括外壳、换热装置、循环风机、保温材料、电热丝、电源、温度测量器、控制器。蓄热装置是由耐火材料砌筑而成，耐火砌块上设有若干个纵向和横向贯穿空洞。蓄热装置所采用的耐火材料具有高比热、高密度的特点，可以被加热到很高的温度，并且不受压力的限制。蓄热砖式固体蓄热电热锅炉如图 2-25 所示。

2）水蓄热式电锅炉指的是蓄热材料为水的一种蓄热式电锅炉，其系统由电蓄热热水机组和电蓄热暖风机组两大部分组成。设备本体是由蓄热水箱、绝热保温层、换电热器、内循环系统及软化水系统和板换系统组成。通常水蓄热

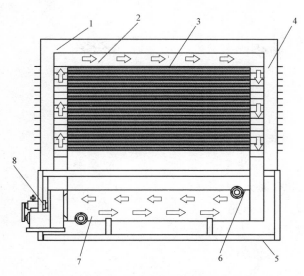

图 2-25 蓄热砖式固体蓄热电热锅炉

1—绝热层；2—风道；3—蓄热砖；4—电热丝；5—机架；6—出水口；7—进水口；8—高温风机

装置根据需求不同分为常温水蓄热与高温高压水蓄热，其中常温水蓄热的出热温度低于 100℃，高温高压水蓄热的温度可以高于 100℃。水蓄热式电锅炉如图 2-26 所示。

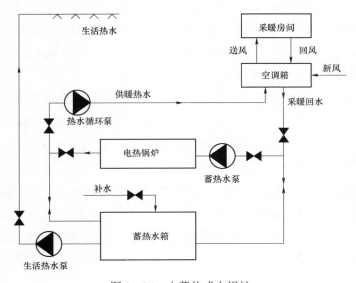

图 2-26 水蓄热式电锅炉

四、案例分析

项目名称：吉林白城地区清洁采暖推广项目安广都瑞供热站配套 10kV 供电工程

投资单位：国网吉林节能服务有限公司

业主单位：国网吉林白城供电公司

投资模式：第三方投资

项目投资：393 万元

项目年收益：100 万元

年替代电量：3412 万 kWh

年增量电费：1569 万元

静态回收期：3 年

年减排量：734 010t CO_2、1023.6t SO_2、氮氧化物 511.8t。

（1）项目背景。吉林省大安市广安镇风电资源十分丰富，弃风量较多，应充分利用弃风、可再生能源供暖，节约能源、绿色环保。采用电极式电锅炉进行电能替代。

1）替代前用能设备状况。替代前，大安市都瑞供热有限公司是白城地区大安市安广镇唯一的供热企业，供热面积 35 万 m^2，规划供热面积 60 万 m^2。热负荷设计为 40W/m^2（考虑电锅炉的热效率、官网热损等因数），每天 24h 供暖，供暖期为 178 天。供热站负荷为 14 000kW。

2）替代前存在问题及电能替代的需求。吉林省西部白城等地区风电资源比较丰富，风电装机较多，风电机组设计年运行小时平均在 2200h，由于当地消纳原因，风电机组年运行小时只有 1400h，约有 800h 的风电浪费。

（2）项目设计流程。电锅炉的项目需要从锅炉、电气、施工三个维度进行方案设计，其中，锅炉设计流程包括系统负荷测算、电锅炉选型、安装位置确认，电气设计流程包括变压器设计、电力线路设计、电力控制系统设计，施工设计流程包括确认施工设计、实施方案和预算、现场施工验收，参见图 2-27 所示。

（3）项目实施流程。电锅炉项目实施流程（见图 2-28）主要包括：编写项目建议书及审批、编写可研及审批、下达投资计划、签订合同、工程实施招投标、工程实施、验收与投运、节能收益分享、合同期满设备赠予、项目结束。

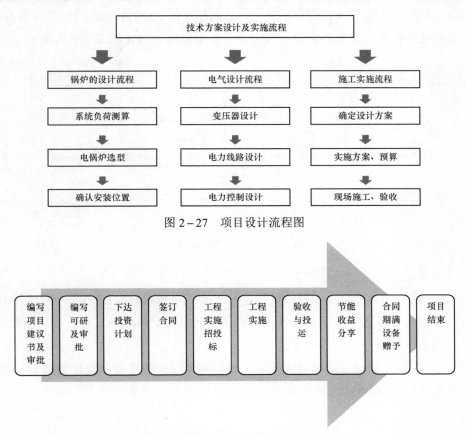

图 2-27 项目设计流程图

图 2-28 项目实施流程图

（4）商业模式与技术方案。

1）商业模式。项目由国网吉林省电力有限公司白城分公司、中广核风力发电股份公司吉林分公司、白城安广都瑞热力公司三方共同投资。其中供电部分建设由国网吉林省节能服务有限公司投资，与国网吉林省电力有限公司白城分公司签订合同能源管理合同。

2）技术方案。

a. 在供电侧加装供电变压器、供电线路。增加 1 台 3150kVA、66/10kV 的变压器，架设 3 条 10kV 供电线路及相应的自动、保护、通信装置。

b. 在原热力公司附近建设 1500m² 的厂区，安装电蓄热及供暖设备。包括 3 台 10kV、10MW 的电锅炉，4 个 350m³ 的热水罐，3 个 400m³ 的板式换热器，1 套水处理装置，安装各类水泵若干台。风电供暖原理如图 2−29 所示。

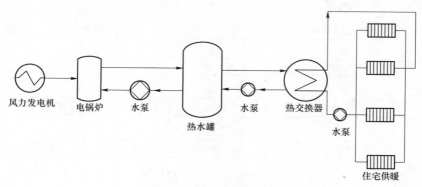

图 2−29　风电供暖原理图

（5）项目经济与环境效益。

1）项目经济效益。项目实施后，每年替代电量 3412 万 kWh，按现行电价，新增电费收入不多，主要原因是在供电的低谷区域蓄热，电价相对较低。节约成本主要在热力公司一方。

2）项目环境效益。项目实施后，每年减少煤炭消耗量 6004t 标准煤，减排二氧化碳 34 010t、二氧化碳 1023.6t、减排氮氧化物 511.8t。

第五节　建材电窑炉

一、电热窑炉

⑧❶ 概述

电热窑炉按电能转化为热能的方式通常可以分为：电阻炉、感应炉、电弧炉、电子束炉和等离子炉等几类。目前，在日用陶瓷行业主要使用的电热窑炉为电阻炉。

✋② 应用范围

电热窑炉加热空间紧凑，空间热强度较高，热效率高，不需要燃烧设备，温度便于实现精确控制，故产品烧成质量好，窑内可在任何压力条件（高压或真空）或特殊气氛条件下加热制品，可以获得火焰窑炉难以达到的 2000℃ 以上的高温。体积小、售价高的陶瓷产品，如特种陶瓷或需要用可控气氛处理的制品，倾向于用电热窑炉。此外，电资源丰富的地区，电价便宜，也可考虑使用电热窑炉。

🔏③ 技术原理

电热窑炉主要是电热体的固体辐射传热及自然对流传热，它利用电流通过电热元件而产生热量，通过热的传导、对流、辐射方式传递给制品。

📑④ 案例分析

（1）项目背景。某公司承建的一座 36m 滚轴电热窑，窑截面：500mm（宽）×350mm（有效高），烧成温度 1180℃。

（2）项目设计流程。

1）窑内温差±3.5℃；

2）每 5h 一个循环，每天产量 30.24m³。

（3）项目实施流程。确定电热窑炉规格和产量→组织电窑炉替代技术方案设计→根据设计进行设备招投标→工程设备安装与调试→调试与投运→试机与交付。

（4）项目经济效益。平均耗电 138kW/h，每天（24h）电耗 3312kW/天，折合人民币 2185.92 元/每天（平均电价 0.66 元/kWh）；产品成本 72.29 元/m³。

（5）项目总结及建议。因该工厂为一小型厂，产品的素烧、釉烧、烤花均在此窑炉通过合理的安排流程调配完成，极大地方便了客户，节省了投资。当前陶瓷产品订单具有品种多、批量小、质量高的特点，而新一代的电热窑炉非常适合小批量、快变化的生产方式，并且具有很高的节能效果和烧成优品率。

二、微晶玻璃电熔窑炉（全电熔、电助熔）

💡① 概述

玻璃电熔窑炉主要分为 3 大类：全电熔窑炉、电气混合窑炉和电助熔窑炉。

☝②应用范围

微晶玻璃电窑炉主要应用于玻璃行业，用于制造不同规格、不同型号的玻璃制品。

☝③技术原理

电气混合窑炉即在熔融的玻璃液内部通电加热，同时在配合料上方用燃料加热。既可降低每吨玻璃液所需热量的总成本，又可保持全电熔窑的玻璃液质量。

采用燃料加热价格低廉，所以在大型池窑上难以采用全电熔。但是却可考虑在用燃料加热的池窑内同时采用直接通电加热，即电助熔，借助于电极把电能直接送入用燃料加热的玻璃池窑中。

☝④案例分析

（1）项目背景。某国内重点玻璃仪器生产企业改造前主要使用的能源类型是煤，通过燃煤坩埚炉工艺生产高硼硅玻璃，一次投入成本高，产品制作过程中仅能源成本就占总成本的40%。

（2）项目设计流程。诊断企业用能类型，主要生产工艺、工艺中主要加热原理、加热方式以及其他主要技术参数要点。编制电熔窑炉替代的技术方案，方案编制的原则是不降低产量，投资回收期控制在2～3年内。

（3）项目实施流程。确定煤窑炉规格和产量→组织电窑炉替代技术方案设计→根据设计进行设备招投标→工程设备安装与调试→调试与投运→试机与交付。

（4）项目经济效益。全年新增售电量930万 kWh，新增售电收入530万元，年节约成本257万元。项目投入运行后将有效降低大气污染物排放，每年可减少排放二氧化碳7074t，二氧化硫22.925t，氮氧化物19.98t。

（5）项目总结及建议。项目改造不能减少客户产量，生产成本及投资回报应纳入方案设计范围、稳态电流和无功补偿等因素。同等产量的燃煤坩埚炉热利用率只有7%～10%，全电熔炉的热利用率可达65%～85%，热效率提高50%～70%。坩埚炉玻璃液合格率只有55%左右，全电熔炉可达95%，玻璃利用率提高25%～40%。项目采用电窑炉改造，自动化程度高，控制精度高；能耗低，玻璃熔制质量高；减少对环境的污染，工艺控制过程简单。

第六节 冶 金 电 炉

一、电阻炉

☀1 概述

工业上用的电阻炉一般由电热元件、砌体、金属壳体、炉门、炉用机械和电气控制系统等组成。电热元件具有很高的耐热性和高温强度、很低的电阻温度系数和良好的化学稳定性。常用的材料有金属和非金属两大类。金属电热元件材料有镍铬合金、铬铝合金、钨、钼、钽等，一般制成螺旋线、波形线、波形带和波形板。非金属电热元件材料有碳化硅、二硅化铝、石墨和碳等，一般制成棒、管、板、带等形状。电热元件的分布和线路接法，依炉子功率大小和炉温要求而定。

电阻炉按工作温度分为：低温炉工作温度在650℃以下；中温炉工作温度在650～1000℃；高温炉工作温度在1000℃以上。

✋2 应用范围

电阻炉是利用电流使炉内电热元件或加热介质发热，从而对工件或物料加热的工业炉。电阻炉在机械工业中用于金属锻压前加热、金属热处理加热、钎焊、粉末冶金烧结、玻璃陶瓷焙烧和退火、低熔点金属熔化、砂型和油漆膜层的干燥等。电阻炉按应用功能可分为如下几种：

（1）倾斜式台车炉。主要适用中型、小型零件的淬火处理，如不锈钢的固溶处理、碳钢淬水处理等。

（2）推杆式电阻炉。本系列电阻炉适用于铝合金淬火、烧砂加热和轴承、曲柄等黑色金属制品淬火、退火、正火或回火连续处理。

（3）井式电阻炉。适合细长类（轴）零件的退火、回火、正火处理，也可满足一般调质工艺要求。电炉采用立式结构，外层钢板，内用型钢支撑，保温材料采用耐火砖和保温砖。炉盖的开启方式多样，大型电炉可采用机械方式两边对开，中小型采用单臂液压顶升，向一侧旋开。低温炉炉盖上一般安装一台循环风机。炉内加热元件可采用螺旋形电阻丝搁在搁丝砖上，也可采用电阻带吊挂式挂在炉壁。

（4）增埚熔化炉。增埚熔化电阻炉的炉壳是由型钢及钢板焊接的，耐火砖的炉衬与炉壳之间砌有保温砖及填满保温粉，由高电阻合金丝烧成螺旋状的加热元件布置在炉衬周围的搁丝砖上，增埚由耐热钢铸成。炉面板上装有两个半圆形可灵活开闭的炉盖，炉温控制的是加热器部分温度。

（5）双体增埚熔铝保温炉。双体增埚熔铝保温炉主要是为铝合金铸造行业量身定做的，能实现一个坩埚熔炼另一个增埚浇铸。实现了熔炼与保温浇铸一体化，双增埚一炉身，加热元件采用电阻丝，保温材料是耐火砖，温度控制采用双套仪表，双套电器元件一个控制柜。

（6）井式气体渗碳炉。井式气氛渗碳炉现已形成系列标准产品，最高使用温度950℃，功率从25～105kW，炉罐、装料筐材料有两种，一般采用耐热铸钢，高级的可采用耐热钢板焊接面成。炉顶部有一台轴流风机，有机液滴注装置也装在顶部，炉盖上下运动是靠液压油缸实现的，炉盖打开后可吊入工件，炉罐与炉盖之间的用石棉盘根密封。

（7）网带式保护气氛退火钎焊炉。温网带式电炉的最高使用温度可达1100℃。适用不锈钢的淬火。退火处理。处理后工件不氧化、不变色。适合小零件的光亮热处理。

（8）箱式电炉。RX系列箱式电阻炉系周期式电炉。主要用于金属或合金钢件在空气中加热及淬火之用。炉门升降采用手动，一般常用温度有950、1200、1300℃等。

（9）台车式电阻炉。该电阻炉主要供大型零件进行退火、正火、回火、淬火处理，对要求不高的零件有时也可满足调质工艺需要。电阻炉外壳为碳钢，内采用轻质耐火材料砌制。下面小车可安放工件，台车工作时进入炉体，淬火时可电动开出，减轻了劳动强度。

🔒3 技术原理

（1）直接加热电阻炉。直接加热电阻炉是电流直接通过被加热物料，靠物料自身的电阻使电能转变为热能的一种加热设备。它具有加热速度快、热效率高、设备简单、操作方便等优点，特别适合线、棒、管等金属材料的加热和热处理工艺。这种电阻炉可以把物料加热到很高的温度，例如碳素材料石墨化电阻炉能把物料加热到超过 2500℃。直接加热电阻炉可作成真空加热电阻炉或通保护气体加热电阻炉，在粉末冶金中，常用于烧结钨、钽、铌等制品。

直接加热电阻炉有两种加热制度，恒流加热和恒压加热。恒流加热是利用晶闸管调整工作电压维持被加热工件中工作电流为恒定值的加热过程；恒压加热是利用变压器维持工作电压为恒定值的加热过程。由于恒压加热无需自动调节电压装置，所用设备比恒流加热简单，所以目前直接加热电阻炉普遍采用的是恒压加热。

在直接加热电阻炉的设计和操作过程中，加热时间、工作电压、电热效率等电热参数的确定非常重要，它直接关系到被加热工件质量的好坏，变压器利用率的高低及电能消耗的多少。由于物料在加热过程中其电阻、散热损失、热效率等参数是随着加热温度的变化而变化的，所以电热参数的确定比较复杂。采用这种炉子加热时应注意：① 为使物料加热均匀，要求物料各部位的导电截面和电导率一致；② 由于物料自身电阻相当小，为达到所需的电热功率，工作电流相当大，因此，送电电极和物料接触要好，以免引起电弧烧损物料，而且送电母线的电阻要小，以减少电路损失；③ 在供交流电时，要合理配置电网，以免感抗过大而使功率因数过低。

图 2-30 是直接电热电阻炉的原理图。R_m 为物料电阻，R_b 与为短网电阻与电感，T 为电流变压器，K 为电源开关，U 与 I 为工作电压与工作电流。

（2）间接加热电阻炉。大部分电阻炉是间接加热电阻炉，其中装有专门用来实现电—热转变的电阻体，称为电热体，由它把热能传给炉中物料。这种电炉炉壳用钢板制成，炉膛砌衬耐火材料，内放物料。最常用的电热体是铁铬铝电热体、镍铬电热体、碳化硅棒和二硅化铝棒。根据需要，炉内气氛可以是普通气氛、保护气氛或真

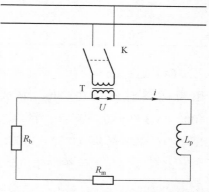

图 2-30　直接电热电阻炉的原理图

空。一般电源电压 220V 或 380V，必要时配置可调节电压的中间变压器。小型炉（＜10kV）单相供电，大型炉三相供电。对于品种单一、批料量大的物料，宜采用连续式炉加热。炉温低于 700℃的电阻炉，多数装置鼓风机，以强化炉内传热，保证均匀加热。用于熔化易熔金属铅、铅秘合金、铝和镁及其合金等的电阻炉，可做成增埚炉或做成有熔池的反射炉，在炉顶上装设电热体。

4 案例分析

【案例 3】4000A 直接加热电阻炉电能替代系统。

（1）项目场景。某钢丝绳加工企业需要搭建直接加热电阻炉设备平台，对钢材进行拉丝加工。

（2）系统组成。直接加热电阻炉由整流器、控制器、电极、其他辅助生产设备组成。

（3）主要设备估价。直接加热电阻炉中，因为生产工艺对温度的需求不同，选择的加热设备也差别较大，以 4000A 输出使用铅液电极为例。见表 2－13。

表 2－13　　　　　　　　　4000A 输出使用铅液电极主要设备

设备名称	投资金额（万元）	备注
交流设备增容	20～30	400kVA
整流设备	10～20	
控制器	5～15	
电极	80～100	铅液
施工费用	10	
合计	125～165	

（4）运行成本分析。该企业的直接加热电阻炉每年使用约 300 天，每天使用夜间谷时段用电 8h，满载负荷约 400kW，每年产生替代电量约 400×8×300＝96 万 kWh。目前，该地区大工业用户谷时电价为 0.32 元/kWh，每年约产生电费 96×0.32＝30.72 万元。

该直接加热电阻炉的铅缸清理，电路维护每年约 10 万元。如表 2－14 所示。

表 2−14   年 运 行 费 用 分 析

项目	费用	备注
电费	30～40 万元	基本谷时段用电
人工	10 万元	
设备清理	5～10 万元	

【案例 4】 120kW 容量 RJ 井式炉真空退火电能替代技术系统

（1）项目场景。某机械加工厂需要一台 3.6t 的退火炉对杆类机械零件进行无氧化光亮退火。

（2）系统组成。

1）炉体。约 3.6t 炉壳钢结构由 Q235 各种型钢和钢板焊接而成，外壳采用优质热轧钢板 $\delta = 20mm$，炉体底板采用 $\delta = 10mm$、12 号工字钢焊接而成，内部均有支撑加强，确保炉体整体强度；炉体外部按行业标准喷一遍底漆，两遍面漆。

发热元件为合金电阻带，设计表面负荷＜$1.4 \sim 1.5W/cm^2$；120kW，上中下 3 区 3 组，在炉膛四周均匀排布。

2）波纹炉胆及炉盖。约 2.2t/件。炉胆筒身用不锈钢板卷制焊接而成，炉胆封头用不锈钢压制成锅形，与桶身焊接；炉胆内安装有不锈钢进气管，引到炉胆封头处，使气体下进上出；炉胆内安装上中下 3 区 3 支热电偶，内部测温控温，使温控表反应的温度更加接近料温，有利于工艺的微调，炉胆外 1 支热电偶测温。

炉盖法兰与炉胆法兰均采用 $\delta = 20mm$ Q235 钢板，车床加工而成，炉胆法兰设有密封凹槽，选用耐热硅胶密封圈，炉盖与炉胆法兰均设有水冷套，保护密封圈，采用快速接头，方便操作；配套断水报警器，断水的时候自动报警提醒。

炉盖法兰上下做 2 个导向柱，工人操作起来方便简单；炉盖做锅形封头加强焊接，用 Q235 钢板和 304 不锈钢卷制，内部填充硅酸铝纤维保温棉。

炉盖上装有 $-0.1 \sim +0.3MPa$ 压力表、真空管道及阀门、高温排气球阀、安全阀等零件，排气管道上增加水冷却套，保护阀门不漏气。

3）封头加强底板。炉胆封头内部为钢板字形加强。下面弧度与炉胆封头匹配，上面为平面，便于安置料架料筐；封头外面用不锈钢卷制焊接做脚圈。

4）真空泵。2X-30 系列真空泵，水冷却保护。

5）控制系统柜。温控仪表用高精度 PID 调节温控仪表，有超温报警等功能自动化工作，控制精度为±20℃。配套温控表功能，可对功率从 0～120kW 任意调节，控制精度为士 2℃；另增加 3 点式数显无纸记录仪，全程对升温、恒温、降温实现跟踪记录，可通过 U 盘调取数据，在电脑上读取数据，打印出工艺曲线，有利用工艺的调整；如果设备在运行中出现故障，可通过记录数据来分析根源，记录数据长达一年。

控制柜自身带风冷，整套控制系统设计保护，一次线路有空气断路点及快速熔断器保护，二次控制线路各部分有过载、超温等保护，出现任何故障，均立即响应动作，切断输出，绝对安全可靠，报警仪器为声光报警装置。

6）料筐。料筐为 304 不锈钢材料制作，用不锈钢板卷成圆，内部为不锈钢方管加强；每个炉胆里放 3 件料筐、3 件成套，可一起吊装。设备清单如表 2-15 所示，主要技术参数如表 2-16 所示。

表 2-15　　　　　　　　　设备清单（装载量约 1.8t）

120kW 加热炉体（全纤维棉花压缩模块）	1 套
不锈钢 309S 波纹炉胆、炉盖，厚度 10mm，内 ϕ1200mm	2 套
PID + SCR + 无纸记录仪电器控制柜	1 台
2X-30 真空泵，含真空管 1 根	1 台
304 料筐，3 件成套，ϕ1100mm × h500mm，厚度 6mm	6 件

表 2-16　　　　　　　　　主 要 技 术 参 数

1	功率	120kW，△接法
2	最高工作温度	950℃
3	常用工作温度	<820℃
4	装料有效尺寸（mm）	ϕ1200 × H1500（内直径 × 高）
5	料筐有效尺寸（mm）	ϕ100 × H500（内直径 × 高）6 件

续表

6	控温区段	3区内控（胆内上、中、下）
7	控制精度	±2℃
8	炉胆内压力	≤ + 0.1MPa
9	真空泵	2X − 30
10	全功率升温时间	<90min
11	总质量	约 8.7t
12	炉体外形大约尺寸	ϕ2134 × H2435（内直径 × 高）

（3）运行方式。装料抽真空，观察压力表到 − 0.1MPa；充 N_2 增压到正压力；设置温度和恒温时间，启动加热升温，开启水循环冷却；恒温结束后，电柜报警提醒，将炉胆吊出来空冷，室温后开炉。

注意事项：水温<60℃，控制电柜各指示情况。

（4）项目设备清单及估价如表 2 − 17 所示。

表 2 − 17 项目设备清单及估价表

序号	产品名称	规格型号	数量	单价（万）	总价（万）	备注
1	加热炉体	RJ − 105 − 9	1	2.1	2.1	
2	炉胆、炉盖		2	3.8	7.6	
3	真空泵	2X − 30	1	0.5	0.5	含真空管
4	料架	304	6	0.35	2.1	
5	电器控制柜		1	1.9	1.9	
6	总价格	14.2 万元				

注 炉型价格，因非标尺寸、工作温度、用材等不同因素，价格相差很大，从 3 万～80 万不等，目前市场上最大的一套 RJ 型电阻炉市场价格 80 万左右，常规炉型的价格约在 20 万。

（5）运行成本分析。RJ 型井式电阻炉属于周期炉，利用晚上谷电阶段工作，加工一炉 3.6t 的机械元件，消耗电量 120kWh，每吨约耗电 33.33kWh。

二、电弧炉

🔆1 概述

电炉炼钢是以废钢为主要原料，以三相交流电作电源，利用电流通过石墨电极与金属材料之间产生电弧的高温来加热、融化炉料。

电弧炉是用来生产特殊钢和高合金钢的主要方法，现在也用来生产普通钢。

（1）电弧炉炼钢的特点。

1）温度高，电弧区温度可达 3000℃ 以上，可使钢水加热到 1600℃，满足冶炼不同钢种的要求，而且容易控制。

2）在冶炼的不同阶段，可以控制炉内气氛。可造成氧化性气氛，使炉渣成分相对稳定，有利于去除有害杂质和非金属夹杂物，回收合金元素钢成分也容易控制。可以制造还原性气氛，有利于去硫。

3）热效率高，可达 65% 以上。

4）冶炼设备简单，投资少，占地少，建厂快，污染小。

（2）工业上应用的电弧炉分类。

1）直接加热式，电弧发生在专用电极棒和被熔炼的炉料之间，炉料直接受到电弧热。主要用于炼钢，其次也用于熔炼铁、铜、耐火材料、精炼钢液等。

2）间接加热式，电弧发生在两根专用电极棒之间，炉料受到电弧的辐射热，用于熔炼铜、铜合金等。这种炉子噪声大，熔炼质量差，已逐渐被其他炉类所取代。

3）矿热炉，是以高电阻率的矿石为原料，在工作过程中电极的下部一般是埋在炉料里面。其加热原理是：既利用电流通过炉料时，炉料电阻产生的热量，又利用了电极和炉料间的电弧产生的热量，所以又称为电弧电阻炉。

👆2 应用范围

目前，世界上绝大部分电炉钢都是由电弧炉生产的。电弧炉炼钢是通过石墨电极向电弧炉内输入电能，以电极端部和炉料之间发生的电弧为主要热源，加热并熔化金属和炉渣，冶炼出各种成分的钢和合金。

　　电弧炉炼钢与其他炼钢方法比较，有以下特点：电弧炉比其他炼钢工艺灵活性大，能有效地去除硫、磷等杂质，炉温容易控制，设备占地面积小，适于优质合金钢的熔炼。它不仅能冶炼优质的合金钢，而且在冶炼低质的合会钢时也能达到不错的熔炼效果；能使用各种元素进行合金化，冶炼出各种优质钢和合金，与平炉炼钢相比，投资少。

　　与转炉相比，电弧炉不一定需要以铁水和造渣料作为原料，也不需要转炉炼钢时所用到的庞大的炼铁和炼钢系统。此外，电弧炉电能消耗稳定，供应便捷。另外电弧炉设备简单、操作容易，已经可以用来生产普通碳素钢。

◎3 技术原理

　　电弧炉是利用电能作为热源进行冶炼金属的一种设备。电弧是由焊接电源供给，在两极间产生强烈而持久的气体放电现象。一般情况下气体是不处于导电状态的，但当气体被电离后，则在气体中产生了自由电子（带负电）和离子（带正电），通过自由电子与离子的导电作用，气体就开始导电了。此时，如果电极的负极之间存在电压，则电子和离子就会分别在电场的作用下进行扩散和漂移，形成电流。当两个电极接触在一起时则会产生比较强的短路电流，该短路电流温度升高到一定程度后便会发射电子。一旦两个电极分开，电子受到电场的加速作用而使两电极间受到电离，从而使两电极之间的空间的导电性能大大提高。由于电离过程时间很短，所以在两个电极刚刚离开时，在外加电压的作用下介质被击穿从而产生了电弧。

　　（1）电弧炉炼钢的电气设备。由于电弧炉是在低压大电流方式下，以电弧的形式进行工作的，而在炼钢系统中往往提供的是高压电，需要主电路将高压电转变为低压大电流输往电弧炉，以电弧炉才能够正常工作。因此电弧炉在拥有了机械设备后，还应配备相应的电气设备才能正常工作，如图2-31所示。下面就对这些主要的电气设备进行介绍。

　　1）高压系统：根据电弧炉炼钢的特点，电弧炉工作在高压状态下，为了保证整个系统的正常工作，在高压系统中还特别设有氧化锌避雷器、阻容吸收器，作为电压吸收装置，主要用来吸收操作过电压。另外，在高压系统中还配有其他保护回路，如过电流保护和过电压保护等。

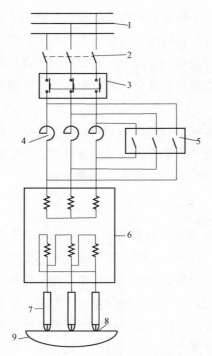

图 2-31　电弧炉电气设备图
1—高压电缆；2—隔离开关；3—高压断路器；
4—电抗器；5—电抗器短路开关；6—电炉变压器；
7—电极；8—电弧；9—金属

2）电炉变压器：电炉变压器的作用是将供电系统所具有的高压电转化为电弧炉所适用的工作电压的器件。由于电压较高故采用高阻抗专用变压器。

3）电抗器：在电气设备中接有电抗器主要是为了保证连续过载 20%仍可进行调节，在电路中还配有隔离开关和接地开关，以避免电磁等对系统的干扰。

4）短网：是指变压器二次出线端到电炉电极的载流体总称。

5）低压动力及控制电源：低压动力及控制电源配置为进线电压 380V/220V，低压控制电源应保证电压电流稳定可靠性高，以使系统能够正常工作。

（2）电弧炉炼钢的机械设备。电弧炉炼钢的机械设备是炼钢时所必须具有的设备，这是炼钢的基础。现对这些设备介绍如下：

1）炉体：是一个立式圆柱形容器，炉体项盖上装有观察装置。它是熔炼金属的主要装置。炉体的右侧面有一个排气口，后侧面设有炉门主要用来装料使用。炉体通常由耐火材料制成。

2）电极夹持器及电极升降装置：电极夹持器的作用是用来夹紧和放松电极，通电后还可以传送电流。在熔炼过程中，电极的长度会随着时间的加长而使电极磨损。电极升降装置由立柱、导电横臂和传动装置组成。上电极杆由紫铜管制成，其中通水冷却，电极杆下端用夹头固定自耗电极。电极杆上端被升降机构卡卡住，两者之间连有绝缘套筒，由滚珠丝杠作为传动机构，使上电极杆上下移动。电极夹头、导电横臂都是内部通水冷却。

3）炉体倾动装置：为底倾机构，传动形式为液压传动。倾动装置由扇形板来支撑炉子底座，炉子固定在底座上，当需要炉体倾动时，摇架的扇形板沿底座摆动，其运动轨迹为摆线。另外需要在摇架与底座的接触面上加上导钉，以避免它们之间产生相对滑动，使工作不能正常进行。

4）炉盖提升及旋转装置：该机构包括炉盖旋转架、炉盖提升缸、提升连杆机构、炉盖旋转机构及锁定机构等。

5）液压系统：液压系统主要是通过向炉体内注入溶液，根据液压原理驱动相应的执行机构来对电极调节器进行控制。为了控制炉体的倾动速度，炉体倾动装置也应采用比例阀，这样做主要是为了满足出钢和快速回倾的要求。炉盖旋转采用比例阀控制，以保证在旋转过程平稳、快速心引。

6）水冷系统：冷却水由冷却水总管集中上水和回水。分别接到下列各点：上电极管、下电极杆，结晶器，油增扩泵，旋片泵，支流电源等部位。冷却水的排水汇集于地下水池或水箱中，由水泵完成回送水的开路循环。水冷系统主要包括水冷炉壁、水冷炉盖和水冷导电横臂等三部分瞄引。

7）电控系统：电控系统主要采用可编程序控制器对各控制元件进行连锁控制。包括控制上电极杆的手动和自动升降，真空系统的气动与电动操作及各种保护信号等。使整套设备可实现自动控制和手动控制。

（3）电弧炉炼钢的分期特点。电弧炉在炼钢生产过程中包括熔化期、氧化期和还原期。熔化期的主要任务就是熔化炉料，而造好炉渣也是熔化期的重要操作内容。所谓炉渣是指像碳、硅、锰、磷等金属夹杂物经氧化后形成复杂的化合物。如果仅为满足覆盖钢液及稳定电弧的要求，只需少量的渣量就已足够了，但从脱磷的要求考虑，熔化渣必须具有一定的氧化性、碱度和渣量。

在电弧起弧阶段，若电弧燃弧时断时续，必然会增加熔化时间，电流也会遭到剧烈的冲击，结果使电极消耗增加，降低系统的功率因数。

因此，在熔化初期，在保证炉体寿命的前提下，用最少的电耗快速地将炉料熔化升温，并造好熔化期的炉渣，以便稳定电弧，防止吸气和提前去磷。

氧化期的任务是：① 继续氧化钢液中的磷；② 使钢液均匀加热升温；③ 去除气体及夹杂物。这些任务的完成，主要是通过矿石脱碳操作经过高温、薄渣、分批加矿、均匀激烈的沸腾而完成。

氧化期扒渣完毕到出钢这段时间称为还原期。还原期的主要任务有：① 升温；② 脱氧；③ 脱硫；④ 调整成分。

4 案例分析

（1）项目场景。某炼钢厂为了提高以下要求，决定进行 LF 炉新装工程：

1）提高钢铁产量。作为转炉与连铸之间的缓冲环节，保证转炉连铸匹配率，实现多炉连烧。

2）提高钢铁品质。提高钢的洁净度。

3）开发了冶炼品种。改变夹杂物形态。

（2）系统组成。系统主要由以下五部分组成。

1）钢包。由钢包体、滑动水口、吹氢管等组成。

2）钢包车旋转装置。包括旋转中心支撑机构、旋转钢包车、驱动装置、电气设备、专用管线、控制设备。

3）水冷包盖。包括炉盖本体和排烟部分。

4）包盖升降机构。包括升降立柱、柱塞式液压缸和悬挂法兰组成。

5）短网。短网采用空间三角形布置，用以提高三相平衡系数，满足钢包炉大电流，低电压的工矿要求。

（3）主要设备估价。整套系统约 800 万～1500 万。

（4）运行成本分析如表 2－18 所示。

表 2－18 　　　LF 钢包精炼 1t 钢水消耗的主要原材料和动力介质

序号	项目	单位	数值
1	石灰	kg/t 钢水	5.0
2	萤石	kg/t 钢水	0.5
3	电极消耗	kg/t 钢水	0.4
4	耐火材料	kg/t 钢水	8.0
5	增碳剂	kg/t 钢水	0.27
6	钙丝	kg/t 钢水	0.6
7	铁合金	kg/t 钢水	5.0
8	测温电偶	个/炉	3.0
9	铝	kg/t 钢水	0.4

续表

序号	项目	单位	数值
10	氩气	m³/t 钢水	0.15
11	压缩空气	m³/t 钢水	0.5
12	电	kWh/t 钢水	35
13	水	m³/t 钢水	2.0

由表 2-18 可知，LF 炉生产加工 1t 钢水消耗电量 35kWh，每吨钢水加工成本由各原料市场价以及水电价格决定。

三、中/高频电感炉

☀①概述

电感炉可以分为有芯和无芯两种，有芯电感炉在炼钢中极少应用，对于无芯感应炉，通常按照电源频率可以将感应炉分为三种类型：工频炉（频率 50Hz 或 60Hz），直接通过变压器与电网相连，主要用于熔炼铸铁；中频炉（频率 150～10 000Hz），所用电源为中频发电机组、三倍频器或晶闸管静止变频器；高频炉（频率 10～300kHz）所用电源为高频电子管振荡器，主要用于小型试验室研究。中频感应炉的成套设备包括电源及电器控制部分、炉体部分、传动装置及水冷系统

（1）主要特点。

1）电磁感应加热。由于加热方式不同，感应炉没有电弧加热所必须的石墨电极，也没有电弧下的局部过热区，从而杜绝了电极增碳的可能。感应炉可以熔炼电弧炉很难熔炼的含碳量极低的钢和合金，为获得气体含量低的产品创造了有利条件。

2）熔池中存在一定强度的电磁搅拌。电磁感应所导致的金属搅拌促进成分与温度均匀，钢中夹杂合并、长大和上浮。感应炉熔炼过程中合金元素的烧损少，所以预测成分较为准确，有利于成分控制和缩短熔炼时间。

3）熔池的比表面积小。这对减少金属熔池中易氧化元素的损失和减少吸气是有利的，所以感应炉为熔炼高合金钢和合金，特别是含钛、铝或硼等元素

69

的品种，创造了较为良好的条件。但是容易形成流动性差，反应力低，不利于渣钢界面冶金反应的进行的"冷渣"。为此，感应炉熔炼对原材料的要求较为严格。

4）输入功率调节方便。感应炉熔炼过程中，可方便地调节输入功率。因此可以较精确地控制熔池温度，在炉内保温，还可以分几次出钢，为一炉熔炼几种不同成分的产品创造条件。

5）同一电源可向几个不同容量的炉座供电（但是不能同时），所以在冶炼的容量方面，感应炉的灵活性较电弧炉大。

6）热效率高。感应炉的加热方式以及表面积小，散热少，故感应炉的热效率较电弧炉高。但是，感应炉的电效率较电弧炉低，所以两种电炉的总效率相差不多。

7）烟尘少，对环境的污染小。感应炉熔炼时，基本上无火焰，也无燃烧产物。

8）耐火材料消耗较电弧炉高，坩埚寿命短。对坩埚耐火材料的要求高，所以每吨钢的耐火材料费用也较电弧炉高。

（2）熔炼工艺过程。熔炼所用的废钢中通常会含有一定量的水分和油污。这种炉料直接加入炉内，特别是已形成熔池的炉内，是不安全的，常常会导致喷溅。同时，它还是产品中氧的主要来源之一。所以有些厂设置了废钢的预热或干燥系统，用加热的办法去除废钢上附有的水分和油污，以保证使用的安全和阻止氢的一项来源。此外，加入已预热的废钢还可以缩短熔炼的熔化时间和降低电能的消耗。碱性冶炼法中的熔化法的生产工艺流程如图 2－32 所示。

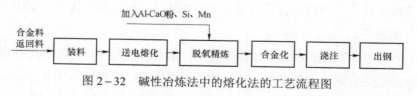

图 2－32 碱性冶炼法中的熔化法的工艺流程图

中频炉与电弧炉、LF 炉（还原气氛下精炼的钢包炉）相配合冶炼各类合金钢生产合金钢的工艺流程如图 2－33 所示。

电炉（50t）粗钢水冶炼时间 60～65min，中频炉（8t）熔化合金或返回料 60min，电炉钢水与中频炉熔化的合金加入 LF 钢包炉（60t）精炼 75min，部分进行 VD 真空脱气处理（vacuum degassing）。所生产的钢种有车轴钢、车轮钢、气瓶钢、模具钢、合金结构钢等。

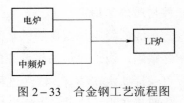

图 2-33 合金钢工艺流程图

随着中频感应技术的不断完善和发展，用于金属熔炼的中频感应电炉因易于变换熔炼品种、方便熔炼质量的控制，设备操作灵活简便和功率密度大、熔炼速度较快、热效率高、起熔方便等众多优点而受到了较多的铸造生产厂家的青睐。很多铸造生产企业都相继购买并安装了中频感应电炉以替代传统的冲天炉或工频电炉进行铸铁熔炼。自 1966 年瑞士公司 BBC 研制成功第一台感应熔炼的晶闸管中频电源装置以来，一些工业发达国家相继推出了中频系列产品，并很快替代了传统的中频发电机旋转式变频电源和各种陈旧的冶炼设备和加热设备，使中频电炉技术逐步变得完善起来。

与冲天炉、电弧炉、燃料炉和工频电炉相比，中频感应熔炼炉具有易于变换熔炼品种、便于控制熔炼质量、操作灵活简单和功率密度大、熔炼速度快、热效率高、起熔方便等诸多优点，而且其在节能、环保等方面也具有明显的优势。目前，中频感应熔炼技术已经被广泛地应用于铸造、冶金、轧管等诸多领域，主要用于黑色及有色金属材料的熔炼铸造、加热（整体透热和局部加热）、热处理（淬火和回火）、焊接、烧结等方面。

2 应用范围

近年来，在铸造生产中，随着现代机械制造业和冶金工业的飞速发展，感应电炉得到了广泛应用。

（1）经电炉熔炼的铁水化学成分稳定，材质均匀。铸件材质的均匀性对铸件最终的使用性能和切削加工性能有重要影响，而影响材质均匀性的因素主要有铁水的化学成分、氧化夹杂物、孕育处理、含气量。冲天炉熔炼时化学成分不稳定，氧化夹杂物多、孕育量不易掌握，含气量高，不能满足熔炼高质量铁水的要求，采用电炉熔炼后，由于电炉容量大，能方便地调整化学成分，使铸件材质均匀稳定。

（2）经电炉熔炼的铁水温度稳定，氧化倾向低，含气量低，可减少铸件气孔缺陷。由于电炉加热系统自动调节能力强，可根据工艺需要进行温度调整，可保证铁水在孕育、浇注过程中温度稳定，减轻孕育衰退现象，铸件各种缺陷将明显减少，铁水在电炉内精炼、含气量降低，氧化倾向减弱能够降低铸件气孔缺陷的产生。

（3）电炉熔炼的铁水材质致密性好，可减少机体、缸盖铸件打压渗漏率，材质机械、物理性能稳定。铁水经电炉熔炼后，可降低机体、缸盖铸件打压渗漏率、改善机械加工性能，避免铸件产生硬度不均现象，零件耐磨性、刚性提高、进而提高整机可靠性。

（4）新产品的开发迫切需要提高铸件质量，对铸件材质提出了更高的要求，冲天炉熔炼已满足不了大批量生产高质量机体、缸盖铸件的要求。因此，实现感应电炉熔炼迫在眉睫。

（5）电炉熔炼可方便地组织生产。由于铸造生产线复杂且受相关条件的制约，故障率较高，从而造成冲天炉熔炼连续性得不到保障，故障处理时间长则造成停产现象。如实现双联熔炼，则利用电炉的大容量进行调节，减轻对冲天炉的压力。

铸造行业所用的中频感应电炉熔炼设备，是把三相工频交流电，整流后变成直流电，再把直流电变为可调节的中频电流，供给由电容和感应线圈里流过的中频交变电流，在感应圈中产生高密度的磁力线，切割感应圈里盛放的各类金属材料，在金属材料中产生很大的涡流。这种涡流同样具有中频电流的一些性质，即金属自身的自由电子在有电阻的金属体里流动会产生热量。当这种电流足够大时，即可将感应线圈内的金属加热到发红，甚至熔化，同时感应线圈本身则温度不会太高，也不会产生有毒有害气体、强光或粉尘而造成环境污染。

中频感应电炉熔炼铁液相对于冲天炉来说有一些明显的特点，即：中频电炉对环境的污染明显减小，熔炼操作起来较为方便，化学成分、熔炼温度的控制更为精确；但也存在着一些不足，在相同条件下中频感应电炉熔炼的铁水质量明显较冲天炉熔炼的铁水质量差，如电熔铁液晶核数量少，过冷度增加；在亚共晶灰铸铁中，A 形石墨数量极易减少，D、E 形石墨增加，并且使 D、E 形石墨伴生的铁素体数量增加，珠光体数量减少；且有较大的收缩倾向，铸件厚壁处易产生缩孔、缩松缺陷，薄壁处易产生白口和硬边等铸造缺陷，如果不很好地对熔炼质量进行控制，就会给产品质量带来较为严重的后果。

③ 技术原理

感应加热装置随着电力电子技术的发展，在装置的体积、质量和性能方面有了突出的改进。电力半导体式感应加热装置在这么多年发展中已经有一套成熟的结构模型，由整流器、滤波器、逆变器及控制和保护电路组成，如图 2－34 所示。

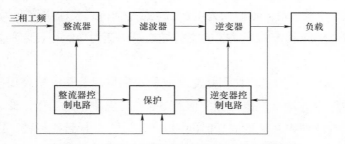

图 2－34　电力半导体式感应加热装置电路构成

工作时，三相工频电流先经过整流器整流，然后通过滤波器滤波减小电流的纹波，再经过逆变器转换为高频率的电流给负载。其中整流桥和逆变器都是非常重要的部分，决定了感应加热装置的频率和输出功率，同时主电路还需要整流控制电路、保护电路及逆变器控制电路的配合。

目前，电力半导体式的感应加热装置有两种，一种是单一频率的感应加热电源，国内应用的比较多，技术也相对成熟，另一种是双频的感应加热电源，就是将两种频率结合起来，使负载同时承受两种频率的电流感应加热。

（1）单频感应加热装置。单频率的感应加热电流的基本拓扑结构分为两种：一种为电压型，即串联谐振型，一种是电流型，即并联谐振型。单频感应加热装置的基本拓扑结构也是双频感应加热装置的基础。

1）电压型逆变式感应加热电源。电压型逆变式电路的典型电路如图 2－35

所示，以 MOSFET 开关为例。

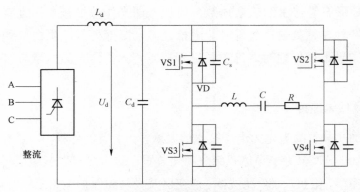

图 2-35　电压型逆变式感应加热电源典型电路图

图 2-35 中，三相工频输入为电压源，通过全桥式整流电路变为直流电压，再经过 VS1、VS4 和 VS2、VS3 的交替导通，逆变为交流电压，负载为串联谐振负载。

滤波电容器 C_d 的主要作用是滤波和稳定电压。若整流桥使用晶闸管，在确保逆变器于直流输出电压在额定值的 5% 上时也能稳定工作，滤波电路的时间常数就要为纹波中基波的周期时间的 6 倍以上。二极管组成的不控直流电压源中 C_d 的值可以相应地减小。串联谐振式逆变器中，整个回路会流过无功电流，逆变器的输出功率因数越小，无功电流越大，所以一般需要在 C_d 上并联一个高频滤波电容器代替 C_d 流通无功电流。

电抗器 L_d 在电压源中主要起限流作用，用于限制流过整流桥晶闸管的尖峰电流，并扩展整流桥晶闸管中电流的流通时间，改善整流元件的工作条件。同时，需要考虑在全电流工作情况下，如果逆变器这时突然停止工作，储存在 L_d 中的能量会迅速转移到 C_d 中，使 C_d 两端的电压升高并将高电压加载到逆变桥上，所以 L_d 不宜过大。

逆变器工作时，VS1、VS4 同时导通，VS2、VS3 同时导通，同一桥臂中，上下两个开关器件不能同时导通，若同时导通会造成电路短路，损坏器件，所以在逆变器的控制上，必须设置导通的死区时间，即必须要先关断再导通。桥臂的二极管与开关器件并联，可起到续流的作用，输出电压波形为方波，电流为正弦波。

负载阻抗频率的特性为串联谐振特性，通过控制逆变桥的开关的导通频率来控制直流输出电压，从而改变输出功率。串联谐振电源更适用于锻造和熔炼等负载内部阻抗高应用中。

2）电流型逆变式感应加热电源。电流型逆变式，即并联谐振电路的典型电路如图 2-36 所示。

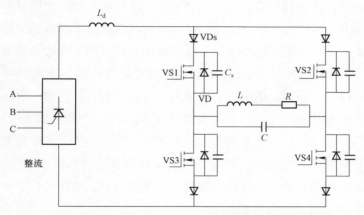

图 2-36　电流型逆变式感应加热电源典型电路图

并联逆变式电路的输入端为电流源，其中整流电路一般采用三相全控整流电路，整流移相角能在 0°～150° 范围内连续可调即可，移相角小于 90° 的状态为整流工作状态。

滤波电抗器 L_d 有三个作用：一是限制电流脉冲，使电流变得平滑；二是限制短路电流的峰值，保护各元器件；三是隔离逆变器和整流桥，避免逆变器中的电流对整流器产生干扰。在工程上，按照滤波电抗器对整流电流纹波中的基波的阻抗等于整流器的等效负载电阻的 8～15 倍来计算 L_d，并按设备容量值来选取即可。

逆变器工作时，VS1、VS4 同时导通，VS2、VS3 同时导通，在同一个桥臂中，上下两个开关器件不能同时关断，若同时关断则会造成电路开路，而电流源中不允许开路，所以在逆变器的控制上，必须要先导通再关断。桥臂上串联的二极管为快恢复二极管，用于承受反向电压，在开关器件上并联电容 C_s

以抑制加在开关器件的正反向浪涌电压。输出电流波形为方波，电压波形为正弦波。

负载阻抗频率特性为并联谐振特性，三相全控整流电路的输出直流电压可以根据需要调节，进而调整电源的输出功率，因此，负载的频率与阻抗可以较为简便地进行匹配，基于这个特点，并联谐振式逆变电路更适合于感应淬火、金属焊接等应用场合，这类应用中其负载内部阻抗较低。

（2）双频感应加热装置，用于型材加热，是我国冶金行业型材加工急需的高效节能装置。虽然我国从 20 世纪 90 年代初期就提出了双频感应加热淬火有着低成本高效率的优势，但发展至今国内研究同步双频感应加热装置的技术路线尚不成熟。国际上，已被提出的现代同步双频感应加热电源的两种拓扑结构如图 2－37（a）所示，图中的装置为双逆变桥结构，分别用一台高频电源串联谐振产生高频电流，用一台中频电源并联谐振产生中频电流，最后连接到线圈上，达到同步双频感应加热的目的。但实际工程运用中，该结构需要较多的元器件，体积大、不便使用。单逆变桥同步双频感应加热拓扑结构如图 2－37（b）所示，与双逆变桥结构相比，节省了更多的材料，成本低，更符合现代工业生产加工的要求，更有应用价值。

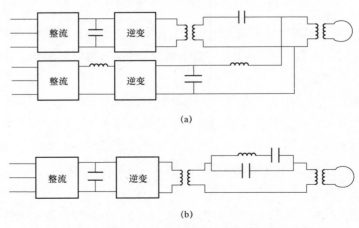

(a)

(b)

图 2－37　现代同步双频感应加热电源拓扑结构

（a）双逆变桥结构；（b）单逆变桥结构

📖④ 案例分析

（1）项目场景。某公司锻件加热现采用室式和连续式加热炉，采用进口燃烧器混合柴油和空气喷入炉膛燃烧加热该燃烧方式的优点是：单位时间产生热量大、加热速度较快适合大批量生产缺点是：存在着余热损失大、炉门不严热量散失及炉体本身的热量损失等，因此燃烧热效率较低、其热效率只有 15% 左右，能耗高，而且由于加热时间比较长（平均每个工件要 0.5h），工件在高温下和炉内燃气反应氧化现象十分严重，使锻造后的工件表面质量较差，影响产品质量，同时燃油加热也存在着燃烧废气污染的问题。

为此该公司经多次考察和认真论证决定：分步停用全部台燃油加热炉，改为对工件采用中频感应式加热的方式。

（2）系统组成。该公司现有锻造加热炉 4 台，分别为锻造工件加热大、小不同的坯料，其坯料直径从 $\phi100 \sim \phi180$，重量从几千克到一百多千克，因此选用中频感应加热炉按功率大小分别为：350kVA 两台、500kVA 两台、1000kVA 两台。

（3）主要设备估价。如表 2-19 所示。

表 2-19 价 格 概 算 表

序号	项目名称	型号规格	单位	数量	单价（元）	合价（元）
1	中频感应加热炉	1000kVA KGPS-1000/0.5 型	台	2	400 000	800 000
2	中频感应加热炉	500kVA KGPS-500/0.5 型	台	2	300 000	600 000
3	中频感应加热炉	350kVA KGPS-350/0.5 型	台	2	200 000	400 000
4	施工费	—	—	1		200 000
合计					2 000 000	

注 此报价不包含配电设施建设部分。

（4）运行成本分析。中频炉感应加热装置是新一代的金属加热设备，具有体积小，质量轻、效率高、热加工质量优及有利环境等优点正迅速淘汰燃煤炉、燃气炉、燃油炉及普通电阻炉。具体比较如表 2-20 所示。

表 2-20 中频感应式加热和燃油炉加热的比较

项 目	感应加热	燃油加热
热效率	54%	15%
单位能耗	1630kJ/kg	5800kJ/kg
折合标煤	0.183（按二次能源计算）	0.22（按二次能源计算）
感应加热和燃油加热实际热效率比	2.4	1
加热质量	好	一般
金属材料消耗	3%	1%
污染	无	有
劳动条件	好	较差
设备维护	较复杂	容易

按上述资料中频感应式加热每吨锻件加热的用电量为 400～450kWh，以每度电的全天平均价格 0.65 元/kWh 计算中频感应式加热成本为 293 元/t 铸件，燃油炉加热的燃料消耗为每 t 锻件 110kg，以每 t 轻柴油 6000 元计算燃料成本为 715 元，每吨锻件燃料差价为 367 元。

第七节 辅 助 电 动 力

一、电动鼓风机

①1 概述

风机是用于输送气体的机械，从能量观点看，它是把原动机的机械能转变为气体能量的一种机械。

按结构和工作原理，可分为离心式风机、混流式风机、轴流风机、横流式风机。按气体流动的方向，分为离心式、轴流式、斜流式和横流式等类型。

②2 应用范围

风机广泛地应用于各个工业部门，一般讲，离心式风机适用于小流量、高压力的场所，而轴流式风机则常用于大流量、低压力的情况，应根据不同的情况选有不同的风机分类。

（1）锅炉用风机。锅炉用风机根据锅炉的规格可选用离心式或轴流式。又按它的作用分为锅炉风机——向锅炉内输送空气；锅炉引风机把锅炉内的烟气抽走。

（2）通风换气用风机。这类风机一般是供工厂及各种建筑物通风换气及采暖通风用，要求压力不高，但噪声要求要低，可采用离心式或轴流式风机。

（3）工业炉（化铁炉、锻工炉、冶金炉等）用风机。此种风机要求压力较高，一般为 $2940\sim14\,700N/m^2$，即高压离心风机的范围。因压力高、叶轮圆周速度大，故设计时叶轮要有足够的强度。

（4）矿井用风机。矿井用风机有两种：一种是主风机（又称主扇），用来向井下输送新鲜空气，其流量较大，采用轴流式较合适，也有用离心式的；另一种是局部风机（又称局扇），用于矿井工作面的通风，其流量、压力均小，多采用防爆轴流式风机。

（5）煤粉风机。煤粉风机主要输送热电站锅炉燃烧系统的煤粉，多采用离心式风机。煤粉风机根据用途不同可分两种：一种是储仓式煤粉风机，它是将储仓内的煤粉由其侧面吹到炉膛内，煤粉不直接通过风机，要求风机的排气压力高；另一种是直吹式煤粉风机，它直接把煤粉送给炉膛。由于煤粉对叶轮及体壳磨损严重，故应采用耐磨材料。

3 技术原理

离心风机工作时，动力机（主要是电动机）驱动叶轮在蜗形机壳内旋转，空气经吸气口从叶轮中心处吸入。由于叶片对气体的动力作用，气体压力和速度得以提高，并在离心力作用下沿着叶道甩向机壳，从排气口排出。因气体在叶轮内的流动主要是在径向平面内，故又称径流风机。

离心风机主要由叶轮和机壳组成，小型风机的叶轮直接装在电动机上中、大型风机通过联轴器或皮带轮与电动机联接。离心风机一般为单侧进气，用单级叶轮；流量大的可双侧进气，用两个背靠背的叶轮，又称为双吸式离心风机。

叶轮是风机的主要部件，它的几何形状、尺寸、叶片数目和制造精度对性能有很大影响。叶轮经静平衡或动平衡校正才能保证风机平稳地转动。按叶片出口方向的不同，叶轮分为前向、径向和后向三种型式。前向叶轮的叶片顶部向叶轮旋转方向倾斜；径向叶轮的叶片顶部是向径向的，又分直叶片式和曲线型叶片；后向叶轮的叶片顶部向叶轮旋转的反向倾斜。

前向叶轮产生的压力最大，在流量和转数一定时，所需叶轮直径最小，但效率一般较低；后向叶轮相反，所产生的压力最小，所需叶轮直径最大，而效率一般较高；径向叶轮介于两者之间。叶片的型线以直叶片最简单，机翼型叶片最复杂。

为了使叶片表面有合适的速度分布，一般采用曲线型叶片，如等厚度圆弧叶片。叶轮通常都有盖盘，以增加叶轮的强度和减少叶片与机壳间的气体泄漏。叶片与盖盘的联接采用焊接或铆接。焊接叶轮的重量较轻，流道光滑。低、中压小型离心风机的叶轮也有采用铝合金铸造的。轴流式风机工作时，动力机驱动叶轮在圆筒形机壳内旋转，气体从集流器进入，通过叶轮获得能量，提高压力和速度，然后沿轴向排出。轴流风机的布置形式有立式、卧式和倾斜式三种，小型的叶轮直径只有 100mm 左右，大型的可达 20m 以上。

小型低压轴流风机由叶轮、机壳和集流器等部件组成，通常安装在建筑物的墙壁或天花板上；大型高压轴流风机由集流器、叶轮、流线体、机壳、扩散筒和传动部件组成。叶片均匀布置在轮毂上，数目一般为 2~24。叶片越多，风压越高；叶片安装角一般为 10°~45°，安装角越大，风量和风压越大。轴流式风机的主要零件大都用钢板焊接或铆接而成。斜流风机又称混流风机，这类风机比较好，气体以与轴线成某一角度的方向进入叶轮，在叶道中获得能量，并沿倾斜方向流出。风机的叶轮和机壳的形状为圆锥形。这种风机兼有离心式和轴流式的特点，流量范围和效率均介于两者之间。

横流风机是具有前向多翼叶轮的小型高压离心风机。气体从转子外缘的一侧进入叶轮，然后穿过叶轮内部从另一侧排出，气体在叶轮内两次受到叶片的力的作用。在相同性能的条件下，它的尺寸小、转速低。

与其他类型低速风机相比，此类风机发展前途比较好，横流风机具有较高的效率。它的轴向宽度可任意选择，而不影响气体的流动状态，气体在整个转子宽度上仍保持流动均匀。它的出口截面窄而长，适宜于安装在各种扁平形的设备中用来冷却或通风。

高炉电动鼓风系统由电动鼓风机组、送风管路、热风炉、热风管路以及管路上的各种功能阀门等以及相应的电控、自控设备组成，其作用是将电能转变成鼓风动能，产生低温低压管道空气流，然后低温低压空气通过热风炉吸收足够的热量，成为高温空气（通常 1000℃以上）并送入高炉，维持高炉正常生产。

自发电电动鼓风方式工艺流程，按照目前各钢铁企业循环经济运行模式，钢铁生产过程中产生的三种煤气（焦炉煤气、高炉煤气和转炉煤气）能够实现回收发电上网，但由于发电能力及生产波动，大部分实现不了自发自用、孤网运行，其流程如图 1 所示。高炉生产产生的高炉煤气，经过净化送入燃气蒸汽联合循环发电系统（CCPP），发电送入供电公司电网，再从供电公司电网引下电力，经过变配电供给电动机，由电动机推动鼓风机。能量转变过程是：煤气转变电能，电能转变动能。

📖④ 案例分析

以湖南华菱湘潭钢铁有限公司高炉鼓风机汽改电项目为例。

（1）项目背景。湖南华菱湘潭钢铁有限公司为进一步提高能源利用效率、优化热电能量系统，拟新建一套 135MW 超高压高温发电机组，一套 AV80 电动鼓风机组，并改建现有 5 号 AV71 汽动鼓风机组为电动鼓风。

（2）改造方案。目前华菱湘钢自发电率仅为 60%，高炉鼓风机除 1 台是电动外其余都是汽动鼓风，二次能源利用效率较低，热电能量系统不够优化。如果将现有 5 号汽动鼓风机改为电动鼓风，其正常运行需要的高炉煤气、高焦混合煤气，正好可供再建 1 台 135MW 汽轮发电机组使用，从而使能源利用率大大提高。

因此，华菱湘钢拟实施优化热电能量系统高效节能技改项目，新建一套 135MW 超高压高温发电机组，一套 AV80 电动鼓风机组，并改建现有 5 号 AV71 汽动鼓风机组为电动鼓风。

1）新建一套 135MW 超高压高温发电机组，包括厂房、锅炉、水系统及其他配套供辅设施，高炉煤气净化系统改造（包括干法除尘本体及其相关基础及框架）。

2）新建一套 AV80 电动鼓风机组，改建 5 号 AV71 汽动鼓风机组为电动鼓风，包括新建电动风机工艺系统及辅助设施（含软启动），5 号风机工艺系统及辅助设施改造，冷风管道及拨风系统改造。

（3）项目投资。项目投资估算 41.374 万元，资金来源为部分贷款及部分自有资金，建设期 14 个月。

（4）项目经济效益。项目实施后预计可新增供电量 $2.292 \times 10^8 kWh$，预计年节约标煤达 162 497t，节能效益显著；华菱湘钢自发电总装机容量预计将达到 481.5MW 以上，自发电量比例将超过 70%。

（5）项目实施效果。该项目适用于钢铁行业高炉鼓风机改造，在能源多级利用的情况下，较汽轮机拖动方式具有明显的经济性，符合国家产业发展政策及国家能源政策，节能减排效果明显，有利于华菱湘钢进一步提高能源利用效率，减少外购电量，节约运行成本，具有较好的推广示范意义。

二、电动挖掘机

1 概述

液压挖掘机在近几十年来，经历了从半机械半液压到全液压的历程，目前已经占到全世界挖掘机保有量的 95% 以上，液压挖掘机利用其广泛的优势从最初的土方工程和道路建设已经应用到挖掘物料的各个方面，特别在机械式电铲应用的露天矿方面已经有逐步取代的趋势。由于我国露天煤矿一直沿用机械式挖掘机，使用大型液压挖掘机的经验较少，特别是大型电动液压挖掘机的使用经验更少。但近年来这种状况有了一定的改变；部分新型的大型现代化露天煤矿已逐步采用这种大型设备。

2 应用范围

电动挖掘机主要应用于煤矿开采行业。

3 技术原理

液压挖掘机破碎岩石靠斗干油缸提供的挤压力和铲斗油缸提供的破碎力的共同作用。由于液压铲的结构特性决定了这两个力的夹角较小，极大地避免了这两个力之间的相互抵消。而且其铲斗及动臂动作较灵活，在其铲斗的前部有理想的支点，因此可以使全部的挖掘力都作用到铲斗上。其斗齿可沿着岩层的节理与裂隙进行挖掘，挖掘时将同时产生推压力（由斗杆油缸产生）和破碎力（即松动力，由铲斗油缸产生），所以其效率较高。铲斗的松动力由铲斗油缸推力和其与铲斗的距离得出，因此铲斗的倾角和松动力有一定的关系，而不取决于动臂和斗杆的相对位置，因此也与挖掘的高度无关。因为铲斗转动的范围很大，因此有可能使用最有效的挖掘角度以产生一个松动力，而机械式挖掘机是做不到的。

④ 案例分析

胜利矿区的神华北电胜利能源大型电动液压挖掘机项目。

（1）项目背景。胜利矿区的神华北电胜利能源有限公司的西一号露天煤矿与胜利东二号露天煤矿已有斗容 $15\sim21m^3$ 的大型电动液压挖掘机投入运营。

（2）改造方案。胜利矿区的神华北电胜利能源有限公司的西一号露天煤矿与胜利东二号露天煤矿已有斗容 $15\sim21m^3$ 的大型电动液压挖掘机投入运营。

（3）项目投资。两台电动液压挖掘机 EX2500 原价分别为：1685 万元、1599万元。

两台机械式单斗挖掘机 Wk–10B 原价：1480 万元（2006 年）；现价：1900万元。

（4）项目经济效益。项目实施经济效益如表 2–21 所示。

表 2–21　　　　　　　　　　　项 目 实 施 经 济 效 益

型号	WK–10B（1）	WK–10B（2）	EX2500
生产厂家	太重	太重	日立
斗容（m³）	14	14	15
总耗电量（2008 年 1 月～2008 年 6 月）	647 215	597 269	296 084
总电费（元）	328 915.4	304 516.8	150 219.2
小时耗电量（kW/h）	221.6	180.4	484.6
单位耗电（元/m³）	0.213	0.182	0.517
变动单位成本（元/t；不含人员计件工资）	0.546	0.435	0.518
固定单位成本（元/t，折旧、财务费等）	0.360+	0.423+	0.293+
总单位成本（元/t）	0.906	0.858	0.812

正在运行的 EX3600E－6 型电动液压挖掘机和相同斗容的 WK－20 系列机械式挖掘机具有相同的工况并处在相同的管理模式下，因此比较正在运行的这两种挖掘机具有典型意义。为方便比较下图只列举了两种挖掘机运营成本中不同的项目，应此为不完全成本，如表 2－22 所示。

表 2－22　　　　　　　　　　项 目 单 位 运 营 成 本

型号	WK－20	EX3600E－6（液压铲）
单位运营成本（元/m³）	1.64（平均值）	1.30

（5）项目实施效果。从单位成本上比较，电动式液压挖掘机较相同斗容的机械式挖掘机较稍有优势；在两种挖掘机在实际运营过程的变动成本中，由于电动液压挖掘机结构特点造成其耗电量几乎是机械式挖掘机的 2 倍，但固定成本中设备折旧项上，电动液压挖掘机的价格比同斗容的机械式更便宜，因此电动液压挖掘机的优势较更明显，这样就决定了电动液压挖掘机的运营成本相对较低。

第八节　矿　山　采　选

一、采矿电铲

1 概述

电铲又称绳铲、钢缆铲，即机械式电动挖掘机是利用齿轮、链条、钢索滑轮组等传动件传递动力的单斗挖掘机。主要用电动机或机组驱动，由外部输入电能驱动。是现代各种露天矿的主要采掘设备。在采矿工业生产中，电铲是千万吨级露天矿山主要的采掘设备之一。它具有生产率高，作业率高，操作成本低等特点，在采矿工业领域中具有广泛的应用。

2 应用范围

采矿电铲主要应用于采矿工业领域，是采矿生产中不可或缺的挖掘设备。

3 技术原理

电铲由行走装置、回转装置、工作装置、润滑系统、供气系统组成。下车系统是由履带板、履带框架、支重轮、前导轮、后导轮、驱动轮、车体、回转齿圈、回转滚圈、行走传动机构等组成。下车系统承载着整机的工作重量，并用来完成电铲的行走。上车系统是将物料由挖掘面运送至运输装置的重要装置，是由回转框架、平台、配重箱、机舱、A 形架、提升回转传动机构、电气控制柜等组成。工作装置是电铲工作的主要部件，它由动臂、斗杆、铲斗、传动机构组成。动臂为焊接结构，具有大的断面模数和良好的抗扭刚度，有足够大的质量，以免铲斗插入土壤挖掘后动臂抬起。铲斗是电铲的主要工作部件，它直接承受被挖掘矿石的作用力，斗杆也是电铲挖掘过程中的主要部件之一，它的作用是连接和支持铲斗，并将推压作用传递给铲斗，铲斗在推压和提升力的共同作用下完成挖掘土壤的动作。

在一个挖掘周期中，首先由钢绳提升铲斗，同时推压轴把斗杆推向工作面，铲斗的提升和推压同时动作，在运动中铲斗装满矿石，然后离开工作面，回转到卸载处，卸载以后再次回转到工作面开始下一轮的挖掘工作。整体来说，挖掘过程分成三个阶段五个动作，三个阶段是：挖掘装载、满载回转、空载回转，五个动作为：移近、铲入、提起、转身、倒出。

4 案例分析

（1）项目背景。在国家大力推进电能替代、节能减排的大政策号召下，多地电力公司、节能服务公司开展了推进企业生产的"以电代油"改造。采矿工业领域，通过将燃油电铲转变为电动电铲，成为电能替代在采矿领域工作的典型案例。

（2）项目设计流程。通过电力节能服务公司与用能企业开展电能替代项目潜力调研，疏理重点用能领域及可替代电量领域，结合重点电能替代技术进行方案设计规划，开展项目可行性研究、经济效益分析、社会效益分析。矿山企业采矿电铲"油改电"是该领域电能替代重点推广技术。

（3）项目实施流程。通过进行设备改造，将燃油电铲更换为电动电铲。

（4）项目经济效益。通过实现采矿电铲的燃油改用电，可实现替代电量，减少石油、柴油等化石燃料消耗，减少二氧化碳排放。

（5）项目总结及建议。"油改电"是电能替代的重要内容，采矿电铲是采矿工业领域中电能替代潜力挖掘的重要技术。通过推广采矿电铲油改电，是提升电能替代量，减少化石能源消耗，降低二氧化碳排放的重要工作。

二、矿山采选皮带廊

①概述

根据发改能源〔2016〕1054 号《关于推进电能替代的指导意见》文件精神，在生产制造领域，采矿、食品加工等企业生产过程中的物料运输环节，推广电驱动皮带传输。

在采矿生产过程中，通过采用"皮带廊"，将大量生产所用矿石源源不断地输送到加工场所，是采矿工业中电能替代的主要技术之一。

②应用范围

在采矿领域，"皮带廊"可广泛应用于具有物料运输环节的企业，如矿石开采运输、矿山沙石运输等。

③技术原理

"皮带廊"技术原理是利用输送带连接成封闭环行，在电动机的驱动下，靠输送带与驱动滚筒之间的摩擦力，使输送带连续运转，从而达到将货物由装载端运到卸载端的目的。"皮带廊"的应用改变了矿山企业输送原料方式，取代了原材料的车辆运输，有效地改善了因煤炭、汽油燃烧带来的大气污染。

④案例分析

（1）项目背景。某水泥公司拥有日产 4500t 新型干法水泥生产线，年需用石灰石 172 万 t。但公司的独立矿山距公司原料入料口约 3.8km，途经两个自然村，用汽车运输矿石，年需运输 28 600 车次，需用柴油 1900t，二氧化碳年排放量达 5900t，运输成本一直居高不下。且运输车辆往来造成大量扬尘，严重影响周边空气质量。为解决材料运输问题，公司计划建设"皮带廊"。

（2）项目设计流程。通过合同能源管理方式投资 1.8 亿元建成了 3.5km 的"皮带廊"。

（3）项目实施流程。"皮带廊"建成后，矿山破碎站与原料入料口的直接对接，彻底取代了汽车运输，使矿石运输过程中污染物实现了零排放，同时，运输成本也从每吨 7 元降至每吨 2 元。

（4）项目经济效益。该公司"皮带廊"建设项目的成功吸引了其他矿山企业纷纷效仿，周边陆续投运了多项"皮带廊"建设项目。

据了解，该地建设"皮带廊"的企业年运送矿石总量达 1900 万 t，每车矿石按 30t 计算，相当于年减少用车 63 万台车次，年替代电量 4000 余万 kWh，减少燃油 3360t，年减少二氧化碳排放 1.2 万 t，年节约运行成本 9100 万元。

通过建设"皮带廊"项目，能减少环境污染，节能减排，也是"电能替代"的典型应用项目。通过该地区"皮带廊"项目的推广，地方"皮带廊"传输替代电量达 2.58 亿 kWh，占全市替代电量的 62.9%，具有极大的推广潜力。

（5）项目总结及建议。"皮带廊"具有无污染排放，消除交通拥堵，降低人工、车辆、燃油等成本的特点，能够广泛应用于有物料运输需求的企业，如钢铁企业、矿山企业、水泥企业等。

第九节　农 业 电 气 化

农业电气化是指电能在农业生产和农村生活领域中的广泛应用，是农业生产机械化和自动化的重要技术基础。包括农业中电能的生产、输送、分配和利用，以电力为动力的农用技术装备的发展，农村家用电子、电器设备的推广等。在有些国家主要指在农村工副业、养殖业、园艺部门和生活方面使用电能。

发展农业用电技术，有利于促进农产品深加工，提升农业现代化水平，其主要电能替代技术包含：农业电排灌、电保温设备、电动制氧机、电动喷淋机、电烤烟、电制茶、电烘干等。

一、农业电排灌

⚡① 概述

农业电排灌是以电力驱动水泵代替机械或燃油动力，是农业生产、抗旱、排涝的重要设施，该系统利用电动机带动水泵，进行抽水排涝、引水灌溉等农业用水资源的调配。

👆② 应用范围

农业电排灌具有低能耗、无污染、高效率、高可靠性等优点，可广泛应用于农田排灌、喷灌、园林喷浇灌、水塔送水、抗洪排涝等领域。

🔘③ 技术原理

电力排灌站的能耗与泵的型式、管路的几何尺寸、动力设备的类型和参数、供电设备以及无功补偿的方式有关。根据电力排灌站安装的电动机单机容量、额定电压、台数和供电网的情况来确定供电网、电气主接线、输送距离及输送容量的关系：① 在非排灌季节且短时停电对排灌的影响很小时，一般排灌站的主接线可相对简单，采取一台主变压器，一回路电源进线，单母线接线即可；② 短时停电对排灌影响较大时，其主接线的可靠性要求会随之提高，可增加两个电源，采取二回进线、母线分段等方式；③ 排灌站的专用变压器电压一般为35/0.4kV、35/6kV、10/0.4kV，变电所通常为露天布置，电动机配电装置一般在机房内。

排灌站的最主要设备是水泵及与之配套的动力机，称为主机组。其水泵主要采用叶片式水泵，包括混流泵、离心泵、轴流泵三种类型。水泵是电力排灌泵站中的重要组成部分之一，它的能耗高低直接关系的泵站的总体能耗。为此，必须对水泵的选型予以足够的重视。在水泵选型的过程中，一方面要结合排灌任务的具体要求选择高效的水泵型号；另一方面要确保所选的水泵价格低、质量好、效率高。如果水泵选择的不合理，不但无法满足排灌要求，而且还会导致能源浪费。

🔢④ 案例分析

（1）项目背景。河南沿淮地区农户灌溉浇地用电靠柴（汽）油机分散发电抽水，抽水电动机功率与油机分散发电功率不匹配，不适合深水井和高扬程用水灌溉；发电设备单耗及价格过高，农户经济负担重；环境污染较为普遍。

随着国家农业政策的调整，规模型农业集中灌溉成为发展趋势，农业生产电力灌溉工程取代柴（汽）油机分散发电，可降低农业生产成本，有利于能源的高效利用，且能保护环境。

农户采用不同功率的柴（汽）油机分散发电抽水，只限于从沟塘和堰塞湖取水，地下取水在 30~50m，低扬程局部小面积灌溉，用电设备约在 15kW 以下，设备运行时间长，年平均用时 720h，效率较低。替代前柴油市场价格约7.2~7.8 元/L（2014 年价格），灌溉平均费用约 680~900 元/亩。

（2）项目实施流程。受电工程结合灌溉地域面积进行合理设计，容量匹配适当超前，宜采取多补点和子母变压器方式，高压电源尽量在主线路上 T 接，减少分支电路上 T 接电源；配电台区设计应有过流、漏电、防雷保护装置；低压线路至水泵房处不宜超过 100 米，须加低压保护装置；高压可采用架空裸导线，低压采用架空绝缘导线，严禁用地埋线和地埋电缆。

（3）项目经济效益。项目总投资 158 万元，涉及乡政府出资架设低压配套工程 32 处，总投资 46 万元，每年运行维护费用 8 万元左右。农业电排灌项目虽在初期受电工程的建设投资较多，但运行维护成本较低，项目业主通过灌溉收益，当年可回收投资的 30%~40%，业主的经济效益较为明显。采用柴汽油机抽水灌溉平均费用为 680~900 元/亩；采用电排灌，平均费用可降到 510~675 元/亩，降低费用 170~225 元/亩。

（4）项目总结及建议。

1）现场勘查要准确，将用户的用能需求与实际情况相结合，要充分考虑当地水资源、电力资源、交通便利等条件，使项目满足设备的维护保养、田间耕作、灌溉条件要求。

2）项目在设计和施工过程中应争取客户的积极参与，积极动员政府出资专项配套资金，完善农网工程项目低压台区整改的实施。

二、电烤烟

💡1 概述

电烤烟系统主要由温控装置和鼓风装置组成，温控装置内主要部件有测温装置、电路板、接触器、鼓风机等。在较高的装烟叶密度下，通过强制通风，加热的热空气在风机的作用下，均匀的加热烟叶并带走水分。

👆2 应用范围

电烤烟适用于卷烟生产流程中最重要的烤烟环节，可广泛应用于食品、化工、医药、纸品、皮革、木材、农副产品加工等行业的加热烘干作业。

🔘3 技术原理

高温热泵烘干机组利用逆卡诺原理，从周围环境中吸取热量，并把它传递给被加热的对象（温度较高的物体）。该机组主要由翅片式蒸发器（外机）、压缩机、翅片冷凝器（内机）和膨胀阀四部分组成，通过让工质不断完成蒸发（吸取室外环境中的热量）→压缩→冷凝（在室内烘干房中放出热量）→节流→再蒸发的热力循环过程，从而将外部低温环境里的热量转移到烘干房中。

高温热泵烘干机组在工作时，与普通的空调以及热泵机组一样，在蒸发器中吸收低温环境介质中的能量 Q_A；本身消耗一部分能量，即压缩机耗电 Q_B；通过工质循环系统在冷凝器中时行放热 Q_C，$Q_C = Q_A + Q_B$。因此高温热泵烘干机组的效率为（$Q_A + Q_B$）/Q_B，而其他加热设备的加热效率都小于 1，因此高温热泵烘干机组加热效率远大于其他加热设备的效率。其技术原理图如图 2-38 所示。

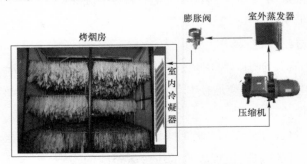

图 2-38　电烤烟的技术原理图

空气源热泵设备规格与性能参数如表 2-23 所示。

表 2-23　　　　　　　　　　高温烘干机组性能参数表

制热量	（kW）	32.2
	（kcal/h）	27 653
电源		380V/3N/50Hz
外形尺寸	长（mm）	1280
	宽（mm）	180
	高（mm）	1350
电源		380V/3N//50Hz/
额定功率（kW）		9.3～11
额定电流（A）		17.5
风机功率（kW）		0.5
外形尺寸	长（mm）	1450
	宽（mm）	780
	高（mm）	1200
充注量（kg）		8.2
节流方式		电子膨胀阀
液管管径（mm）		12.7
气管管径（mm）		19.05
铜管连接方式		喇叭口连接
机组重量（kg）	—	255

工况：室外干球温度 20℃；湿球温度 15℃。终止出风温度 55℃。

4 案例分析

以恩施州城郊烟叶烘烤项目为例。

（1）项目背景。恩施州城郊烟叶烘烤基地是恩施州三大烤烟基地之一，曾多次接待国家局委办、省部级领导参观考察。项目从设备安装调试到出烟，周期为 15 天，最后产出的成品烟效果获得了烟草基地站长、服务组队长、烟草烘烤专家的一致好评。

（2）项目实施流程。

1）改造原则。目前的烘干房为砖混结构，且未做保温措施，漏热系数较高，存在热量及能耗浪费较重的现象。

在不改变窑体结构的原则下，用智能烘干机组制热替换原煤炉供热，同时给新系统配套整套的烟草密集烤房触摸屏智能控制系统，同时可对烘干房进行保温处理。实现自动温湿度控制、自动喷雾回潮、自动排湿、烘烤工艺曲线存储不小于 280 条、烘烤曲线可以现场微调，最终实现烘烤一键式操作。

2）设备选型。在不改变原有燃煤炉灶和风道内风机的基础上，加装热泵配套的冷凝器和电加热器，冷凝器和外部的热泵机组由铜管连接，原有的排湿窗口用定制的排湿换气热回收机替代，根据设计要求，每间烘干室配一台高温热泵烘干机组。

3）配套保温层改造。密集型烤房内的保温层改造作为本项目的配套工程，主要目的是对试点烤烟房内的保温层进行改造，提升保温效果，促进节能降耗。

通过实地考察，目前，本项目所有烟草烘房内部只是进行了简单的泡沫保温，厚度不足一厘米，该类材料防火阻燃性差，保温效果一般，设备间热量流失比较多。项目使用 2.5cm 厚的 B1 阻燃挤塑聚苯板（XPS）替代原有设备。

（3）项目经济效益。通过对整个项目全程跟踪，并记录主要数据。

1）经济效益分析如表 2－24 所示。

表 2－24   经 济 效 益 分 析

	空气源热泵烤烟系统	传统燃煤烤房
烤烟房加热起始温度	21 ℃	21 ℃
烤烟房加热最终温度	68 ℃	68 ℃
加热工作时间	184.5h	220h
装烟杆数	300 夹	300 夹
干烟质量	400kg	400kg
能耗	1417kW	260kW 及 800kg 煤
人工费用	120 元	电工及杂工 300 元
能耗费用	790 元	855 元
总费用	910 元	1155 元

每个烘房直接费用成本降低 245 元，烟叶品类提高，每千克可增加经济效益 1 元左右，每房烤烟可增加经济效益 400 元，每房综合经济效益提高 645 元左右。

另外，传统烘烤工场、育苗工场设备的老化速度快，使用寿命短，维护成本高，改造后每个烟房每年可节省设备维护费近万元。

2）社会效益分析如表 2－25 所示。

表 2－25　　　　　　　　　社 会 效 益 分 析

排放物质	一吨燃煤的排放量	传统烤房排放量（800kg/周期）	热泵烤烟房
二氧化碳	2.6t	2.08t	0
二氧化硫	60kg	48kg	0
氮氧化物	7kg	5.6kg	0
一氧化碳	2kg	1.6kg	0
粉尘	11kg	8.8kg	0
强致癌物 3，4 苯并芘	若干	若干	0
环境影响		污染严重，废气 $SO_2/CO/CO_2$ 及废渣烟尘排放，工作环境差	零排放，无任何污染

传统燃煤烤房大气污染排放量巨大，目前，恩施州 2 万座烟房基本都是燃煤烤烟房，若全部改造，每年每房烘烤 3 次计算，单二氧化碳排放量就达 12.48 万 t，二氧化硫排放达 2880t；经过改造后的现代空气源热泵烤烟房可实现零排放、无污染。

（4）项目总结及建议。

1）若采用较好的保温措施，可有效保证电烤房的温度，使电能消耗降低，若进一步在排湿过程中，考虑余热回收用的设施装置，将更有效地降低能源消耗。

2）若采用自动化控制技术，还可使烤烟过程的能耗降低，烤烟质量可控，减少人为波动干扰。

3）通过对烤烟质量的评价，采用电烤烟的香烟，在变黄、定色、干筋过程均与传统烤制品质相差无几。

三、电制茶

☀❶ 概述

电制茶主要用于茶叶粗、精制,代替原有的人工制茶,可以大幅提高茶叶平均质量水平。电加热对温度的精确控制,空调对制茶环境温、湿度的保证,电动揉捻力度的均衡,使茶叶制作中人工不可控因素大为减少。流水线制茶装置在保证产量的同时又能保证茶叶品质的一致性,适合批量生产,可实现全天候、不落地节能环保安全制茶。

✋❷ 应用范围

茶叶机械主要用于茶叶粗、精制加工,代替原有的人工操作。适用于新建及改造的大中型茶厂成套流水线加工装置,小规模家庭作坊单机制茶装置的建设安装。可供红茶、绿茶、乌龙茶、白茶、植物保健茶等各类茶叶制作电气化设备的选型参考,涵盖茶叶制作中的萎凋、做青、杀青、揉捻、发酵、烘焙、色选、包装等生产工艺。

❸ 技术原理

茶叶的制作需要大量的电动机械,主要有以下几种:杀青机(0.75kW)、揉捻机(0.75kW)、速包机(1.1kW)、烘焙机(8~12kW)等,加上茶叶对温、湿度要求较高,需配置空调(1.2~2.8kW),一般茶农用户制茶机械功率在25~30kW。其技术原理图如图2-39所示。

滚筒杀青机:传统的茶叶杀青方法,是用炒青锅,配以炒茶刀等器具。电动转筒式杀青机主要由滚筒、传动装置、电炉丝发热、鼓风机送风装置、机架和操作部件组成。

各地使用的杀青机种类很多,型号不一。但大致可分为锅式杀青机,滚筒杀青机和槽式杀青机等3种类型。

电揉捻机:电揉捻机是用来完成茶叶初制加工中揉捻作业的机械,由揉盘装置、揉捅装置、加压装置、传动装置和机架构成。

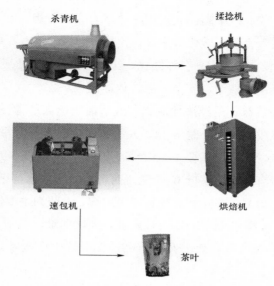

图 2-39　电制茶技术原理图

速包机：速包是茶叶粗制中的一道重要工序。茶叶速包机是在传统的手工滚、压、揉、转、包的作业原理基础上，结合电动传递的工作原理研制而成的。

茶叶烘焙机：传统的茶叶烘干机是以煤球、液化为热源，人工翻抄相配合进行抄制的。电烘焙机由烘箱底架、旋转装置、传动装置、电炉丝发热装置、热风装置传送组成。

📖④ 案例分析

（1）项目背景。为积极响应国家和地区号召，大力推广电制茶，主动为合作制茶企业开通绿色服务通道，咸宁赤壁市羊楼洞茶厂将传统燃煤杀青设备更换为滚筒式电杀青机。

（2）项目实施流程。改造前的煤制茶杀青设备杀青量为 600～800kg，温度不可调节，对于嫩叶老杀、老叶嫩杀，品质不易控制。改造后的电杀青设备杀青量大于 800kg，带温度、转速调节，自带上料机，还可根据茶叶情况调节，确保杀青品质。

改造前使用燃煤杀青设备，预热时间较长，人等机热，误工费时；劳动强度大，工作环境闷热，粉尘太大，大量二氧化硫、氮氧化物、烟尘排放对人体健康有直接威胁，致病概率高；人走煤不熄，有火灾隐患。

改造后的电杀青设备电转化效率高，预热时间短，基本开机即可加工；该设备占地面积小，操作简单，具有连续化、自动化生产及减小劳动强度等特点；即开即用，人走机停，清洁、安全、零排放，健康环保。

（3）项目经济效益。用经济性对比：改造前的燃煤杀青设备，需要 2～3 个操作人员，用煤成本为每小时 8 元，人工和用煤成本折合每千克茶叶 0.048 元。改造后的电杀青设备仅需要 1～2 个操作人员，用电成本为每小时 42 元，人工和用电成本折合每千克茶叶 0.05 元。两者总使用成本持平。

（4）项目实施效果。茶叶制取曾长期采用煤、木柴为主要燃料的加工设备制茶，不但成本高、劳动强度大，而且温度、火候都难以控制，加工的茶叶色泽差、品质低。电制茶可有效提升茶叶品质，降低生产成本，可向茶农大力推广。

四、电烘干

☼1 概述

发展农业烘干技术，有利于促进农产品深加工，提升农业现代化水平。干燥是许多工业生产和农副产品加工过程中必不可少的加工工序。随着人生活质量的提高，以及不可再生能源（如天然气、煤、石油）的储量的日益枯竭，人们对环境保护的意识越来越强。原有的燃油、燃煤等高耗能、高污染干燥设备的使用受到严格限制，甚至被禁止使用。寻找一种可替代原有旧式的干燥设备，并且安全、环保、节能，显得越来越紧迫。目前，我国在农产品干制中应用的主要技术有热风干燥、真空冷冻干燥、辐射干燥以及热泵干燥。

自 20 世纪 70 年代以来，美、日、法、德等国就开展了热泵干燥技术的研究，国际能源中心（IEA）集中了大量的有关热泵干燥技术的研究成果。我国也在 20 世纪 80 年代引进了该项技术，最早而且应用范围最广的是用于木材的干燥，由于热泵干燥温度低接近自然干燥，近几年逐渐将其应用到食品及农副产品的干燥作业之中，取得了较好的经济效益，产品的附加值大大提高。特别是我国政府节约能源和环境保护政策的实施，极大地促进了热泵干燥技术的发展。

👆❷ 应用范围

电烘干技术应用领域较广，由早期的木材干燥扩展到食品加工、茶叶烘干、烟叶烘干、蔬菜脱水、鱼类干燥、陶瓷烘焙、药物及生物制品的灭菌与干燥、污泥处理、化工原料及肥料干燥等诸多领域。

👆❸ 技术原理

热风干燥技术以热空气为干燥介质，自然或强制地对流循环的方式与食品进行湿热交换，物料表面上的水分即水汽，并通过表面的气膜向气流主体扩散；与此同时由于物料表面汽化的结果，使物料内部和表面之间产生水分梯度差，物料内部的水分因此以汽态或液态的形式向表面扩散。这一过程对于物料而言是一个传热传质的干燥过程；但对于干燥介质，即热空气，则是一个冷却增湿过程。干燥介质既是载热体也是载湿体。

真空冷冻干燥技术利用升华原理，在真空状态下使预先冻结成冰晶的物料中的水分不经过冰的融化直接以固态升华为水蒸气实现干燥。品质最佳，保持色、香、味及营养、质构，复水性好。主要用于经济附加值较高的物料干燥。

辐射干燥辐射干燥是一类以红外线、微波等电磁波为热源，通过辐射方式将热量传递给待干食品进行干燥的方法，可在常压和真空两种条件下进行。辐射干燥作为新兴的干燥技术，具有节能、环保以及干燥后粮食品质好的优点，在农业生产中具有很好的应用前景。红外辐射干燥是通过辐射器发射的 $0.75\sim1000\mu m$ 的红外线照射谷物，谷物中的分子在此波段有较大的吸收，吸收的能量加剧了谷物中分子的运动，从而使谷物内部温度升高，促进水分子的蒸发，达到干燥谷物的目的。微波干燥利用波长在 $1\sim1000mm$ 的电磁波辐射粮食，粮食中的极性分子会吸收微波的能量在极短时间内发生频繁且极快速的旋转，导致其与周围分子的摩擦而生热，使粮食温度升高，促使水分蒸发，达到干燥的目的。微波干燥具有加热快、选择性强、清洁无污染的优点，相对于传统的干燥方式具有极大的优势，但是它的能源利用效率低，微波场的不均匀性以及单次处理量小都制约了微波干燥技术的推广。

热泵干燥机是利用逆卡诺原理，吸收环境空气的热量并将其转移到房内，实现烘干房的温度提高，配合相应的设备实现物料的干燥。热泵干燥机由压缩机→冷凝器（内机）→节流装置→蒸发器（外机）等装置构成了一个循环系统。冷媒在压缩机的作用下在系统内循环流动。它在压缩机内完成气态的升压升温过程（温度高达 100℃），它进入内机释放出高温热量加热烘干房内空气，同时自己被冷却并转化为液态，高温高压液体经过节流装置后变成低温低压液体，当它流到外机后，这时蒸发器周边的空气就会源源不断地将热量传递给冷媒，使其吸热气化，气化后的冷媒气体再被压缩机吸入，完成循环。冷媒不断地循环就实现了将外部环境中的热量搬运到烘干房内加热物料的功能，所以热泵干燥机是一台热量"搬运工"。电烘干技术原理图如图 2-40 所示。

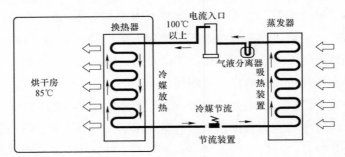

图 2-40　电烘干技术原理图

🔖④ 案例分析

（1）项目背景。古田县素有"银耳之乡"之称，近几年来古田食用菌产业发展迅速，规模产量居全国前列，成功创建国家级出口食用菌质量安全示范区。2015 年，福建省全省食用菌总产量 247 万 t，产值 155 亿元，其中，古田县食用菌产量 78.35 万 t，产值 49.11 亿元。

古田食用菌产业链可分为食用菌菌棒的加工、食用菌种植和食用菌粗加工三个部分，食用菌菌棒加工企业约有 30 余家，规模较大的生产企业 10 家左右；食用菌种植的企业约有 40 余家，规模较大的有 5 家左右；食用菌粗加工企业达 200 余家，规模较大的食用菌粗加工企业约 10 家，带动当地农户数量 5000户以上。

食用菌生产企业所消费的能源主要是废弃菌棒和煤，以废弃菌棒为主，用能方式多为粗放型，目前以烘干灶和煤锅炉为主。① 烘干灶。将废弃菌棒、煤在烘干灶中燃烧，利用产生的烟气烘干食用菌；② 煤锅炉。即将未经处理的废弃菌棒、煤在煤锅炉中直接燃烧产生热量，加热给水至饱和蒸汽状态（0.8MPa，170℃），再将蒸汽通往菌房杀菌、烘干房烘干。

　　长飞食用菌烘干厂建于 2009 年，占地 5 亩。现有用能设备为 1 台 4 蒸吨煤锅炉，以废弃菌棒为主要能源，一年烘干时间大约为 8 个月，年产量约 1350t。年产值约 6000 多万元。

　　（2）项目实施流程。2016 年在该厂设置样机，运行效果良好，长飞烘干厂 2017 年三、四月份，新增加三组 30 个烘干箱热泵烘干机，日烘干银耳 1.5t，把原有 8 组传统烘干灶全部改为 7 组 70 个烘干箱的热泵烘干机。可日烘干银耳干品 5t，一年可以不间断烘干银耳，茶树菇，猴头菇等食用菌，以及笋干等农产品。考虑 6、7、8 三个月份为银耳生产淡季，一年可烘干银耳 1350t。年产值可达 6000 多万元。实施流程图如图 2－41 所示。

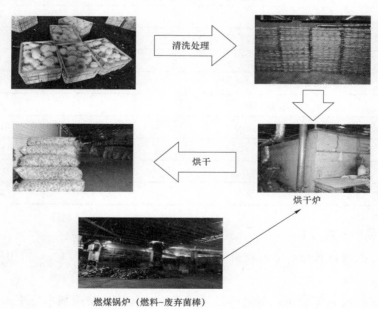

图 2－41　实施流程图

　　（3）项目经济效益。对不同烘干形式下该厂的设备参数及费用明细进行了统计和计算，如表 2 - 26 所示。

表 2 - 26   项 目 经 济 效 益

设备参数及费用明细	煤锅炉	热泵
容量（t/h）	4	750
每年耗生物质（t）	10 200	3 750 000
生物质价格（元/t）	200	0.680 6
燃料价格费用（万元）	204	255.2
设备费用（万元）	32	375
使用年限（年）	10	15
年折旧（万元）	3.2	25
辅机电费（万元）	2.2	0
废气处理设施（万元）	50	0
废水处理设施（万元）	50	50
排污费（万元）	2	0
人工费用（万元）	40.8	3
检修费用（万元）	5	2
电力设备安装费用（电力公司）	—	0
电力设备安装费用（用户）	—	60
利润提升空间（元/斤）		0.45
年增加收益（万元）		108
投资回收期（年）	—	3.79
费用合计（万元）	336	745.2

1）费用对比分析：

a. 一次设备费用、电力设备安装费用：375 + 60 = 435 万元，费用增加 435 万元；

b. 运行与人工费用：与之前采用燃烧煤、菌棒的费用基本持平；

c. 一次性废气处理设施：费用减少 50 万元；

d. 产品利润提高：0.225 元/kg；

e. 投资回收年限：3.79 年。

2）环保效益对比：热泵与煤锅炉相比，减排 CO_2 为 3131.7t、排放 SO_2 为 20.7t、排放 NO_x 为 8.8t、排放粉尘为 18.8t。

（4）项目总结及建议。

1）热泵烘干的食用菌的成品率、品色、品相更佳，可以提高成品价格，进行热泵替换的烘干企业可提高 0.4～1.0 元/kg。若用于出口，可提高 5 元/kg，增加利润有待确认。

2）古田菌棒资源丰富，电能替代后，废弃菌棒需进行回收统一处理。政府已与相关公司进行洽谈，但是废弃菌棒的集中处理要到 2018 年底在开始实施。

第十节　电（蓄）冷空调

一、蓄冷式中央空调

☀1 概述

随着我国经济的发展，城市规模的扩大和用电结构的改变，使得城市以及地区电网昼夜电力负荷差值越来越大。空调系统是用电大户，迄今为止，发达地区大中城市，空调用电负荷已达电网总负荷的 25% 以上，由于空调用电与电网峰谷基本同步，使得电力负荷峰谷差较大，影响电网安全、合理和经济运行。因此，使用蓄冷技术对电网"削峰填谷"起着至关重要的作用。

👆2 应用范围

可以应用于商业写字楼、商场和城市综合体等冷负荷高峰和用电高峰基本相同，持续时间长的场合。在工业园区可以在食品加工、啤酒工业、奶制品工业等用冷量大，绝大多数空调在白天运行的制造业。

👆3 技术原理

电力蓄冷技术是指在电力负荷低谷时段采用电制冷机组以蓄能载体的形

式将冷量储存起来,在用电高峰时段将其释放,以满足建筑物的空调或生产工艺需要的部分或全部冷量,从而实现电网移峰填谷性能,能够提高现有电源和电网设备的利用率以及电网高峰时段供电能力,减少新建电厂及其引起的环境污染,同时终端用户可使用低谷电,节约用电成本。工作原理图如图2-42所示。

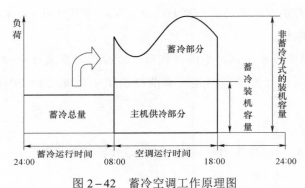

图2-42 蓄冷空调工作原理图

案例分析

(1)项目背景。本项目为广东景兴卫生用品有限公司空调系统项目。空调系统设计总负荷约2500kW(710RT),实行工业峰谷电价政策基本信息如表2-27所示。

表2-27　　　　　　　　　　项 目 基 本 信 息

电力时段分类	实施时段	电 价
峰段	09:00-12:00,19:00-22:00	1.132 7
平段	08:00-09:00,12:00-19:00,22:00-24:00	0.706 9
谷段	00:00-08:00	0.379 4

(2)项目设计流程。

1)蓄冷类型选择。根据项目场地条件不同,选择采用水蓄冷还是冰蓄冷。在场地条件充足或有合适水源(如消防池)时,优先考虑水蓄冷,因为水蓄冷的初投资和效率都优于冰蓄冷,经济性较好。

2)根据不同蓄冷工程项目的实际情况,选择采用全量蓄冷还是分量蓄冷。

全量蓄冷模式指主机在白天电力高峰期全部停运,所需冷负荷全部由电力低谷期的蓄冷量来提供,该模式运行成本低,但初投资高,系统占地面积大,系统蓄冷容量及制冷主机容量都较大;分量蓄冷模式指主机在白天非低谷期正常运行,不足冷量由电力低谷期制得的冷量来提供,该模式未能全部利用夜间低谷电,运行费用相对较大,但初投资小,占地面积小,系统蓄冷容量及制冷主机容量都较小,相对全量蓄冷模式来说适用范围更广。

3)在采集用户空调系统相关数据的基础上,对项目蓄冷模式进行技术及经济可行性对比分析,确认后进行详细的系统设计,依据项目的不同需求得到主要设备(制冷主机、蓄冰装置)的主要设计要素,以及系统内其他配套设备的性能参数,选择最适合系统的设备配置组合,实现系统配置的最优化。

本项目结合现有情况,采用峰谷电价政策,在权衡初投资及空调系统的运行费用情况下,采用水蓄冷方案设计达到节省运行费用的目的。

由于夜间低谷时段无负荷,方案利用 2 台 1166.3kW 共 2332.6kW 在夜间电价低谷时段制冷并蓄冷 5.5h,最大蓄冷量 12 829kWh(3648RTh),所蓄冷量优先在电价高峰时段利用,若有剩余,则用在电价平段期,由此节省整个空调系统运行费用。蓄冷槽采用地下室混凝土罐的方式,系统需配置板换,末端系统设计的供回水温按 7/12℃,最大 8/13℃,蓄水槽的有效利用温差按 7℃(蓄水温度 4℃,供冷回水 11℃),则所需蓄冷槽有效容积为:1579m³,考虑布管及水膨胀空间,水槽容积按 2000m³。

(3)项目实施流程。在技术方案确认后,进入实施流程。实施流程主要包括合同签订、设备采购、土建施工、设备安装调试、项目验收等关键步骤。

(4)项目经济效益。

1)技术适用性。蓄冷的技术适用性分析一般需要考虑:用户在低谷时段是否有富余的制冷能力用于蓄冷;用户是否有足够的空间及场地来建蓄冷室;用户空调运行策略是否合理。

2)经济可行性。蓄冷的经济可行性分析重点在于其与常规制冷空调在初投资(或改造投资)和运行成本上的综合经济比较。一般来说,项目经济可行性与电价政策有关,若所在区域不执行峰谷电价,则不具备经济可行性;峰谷电价差值越大,经济可行性越大。经济可行性分析方法如下:

　　估算蓄冷方案相对于常规空调方案的初投资增加值，综合考虑蓄冷项目增加了蓄冷室和蓄冷装置，以及制冷系统负荷变化造成的电力相关费用变化。

　　估算蓄冷方案相对于常规空调方案所减少的运行费用，需结合项目当地峰谷电价和制冷时间考虑。

　　计算静态回收期，即所增投资额除以年减少运行费用，静态投资回收周期以不超过 5 年为宜。

　　3）效益分析。蓄冷项目效益计算公式为：

　　年节约收益＝夜间富余制冷机组总功率×夜间低谷时长×年制冷天数×

　　　　　　　　峰谷电价差

　　本项目采用水蓄冷后获得较好的经济效益，如表 2-28 所示。

表 2-28　　　　　　　　　　　　项目经济性分析总表

	天数	负荷日	水蓄冷空调			常规电制冷空调		
			高峰	平段	谷段	对应高峰	对应平段	对应谷段
不同负荷日日运行电量（kWh）		100%	528.92	4760.56	2979.90	3807.60	5061.80	0.00
		75%	667.58	2812.55	2979.90	2810.70	4744.50	0.00
		50%	264.45	903.51	2979.90	1903.80	2538.40	0.00
		25%	243.22	328.85	1896.30	1813.80	2508.40	0.00
不同负荷日年运行电量（万 kWh）	60	100%	3.17	28.56	17.88	22.85	30.37	0.00
	120	75%	8.01	33.75	35.76	33.73	56.93	0.00
	90	50%	2.38	8.13	26.82	17.13	22.85	0.00
总计（万 kWh）	270	电量	13.56	70.45	80.46	73.71	110.15	0.00
年运行电量（万 kWh）			164.47			183.86		
电价（元/kWh）			1.132 7	0.706 9	0.379 4	1.132 7	0.706 9	0.379 4
运行电费（万元）			15.36	49.80	30.53	83.49	77.87	0.00
总运行电费（万元）			95.69			161.35		
年节省电费（万元）			65.67					
节省率			40.7%					
20 年节能效益（万元）			1313.33					

（5）项目总结及建议。项目技术方案设计时需仔细考察项目现场，充分了解项目场地、变压器容量及设备空间承重等情况，严控技术风险。

选择实力强、技术成熟、服务到位的设备供应商和管理到位、经验丰富的施工队伍，严控设备风险和施工风险。可采用 EMC 合同能源管理模式或者业主与节能供应商共同投资的模式，减少投资风险及效益回报风险。积极争取各地优惠奖励政策，降低项目实施风险。

峰谷电价差是蓄冷项目能否推广的关键点。在有"弃风弃光"现象的区域，推动政府部门出台相关政策，允许采用大用户直接交易方式利用夜间新能源供电蓄冷，可极大地降低运行成本，有助于蓄冷技术的推广。

对于需要增容的项目，可结合电力需求侧管理、电能替代战略推动省级电力公司出台政策，全部或部分减免外部电力工程建设费用，吸引用户采用蓄冷技术。

蓄冷关键技术有待进一步开发和提升，如布水器的设计、自控系统、与大温差低温送风技术、热泵技术的结合等，都能有效提高项目操作的可行性。

二、直冷式中央空调

☀1 概述

2016 年，我国中央空调销售为 735.29 亿元，同比增长 7.98%，创下五年来新高。中央空调的逆势增长，已成为空调企业重点押注方向，未来前景可期。总体来说，我国中央空调市场还有很大增长空间。一方面城镇化不断深入，潜在市场需求持续释放；另一方面，基建投资建设维持高位，批复机场、港口、城市轨道交通等项目日益增多，对中央空调的需求有望保持稳定增长。此外，当前全球经济进入绿色、低碳经济时代，以节能环保产品为主的中央空调企业拥有较大的竞争优势，市场将陆续淘汰一批高耗能的产品，节能环保占据市场主流。

✍2 应用范围

本章节仅介绍市场上应用较多的蒸汽压缩式直冷式中央空调，主要包括活塞式冷水机组、螺杆式冷水机组及离心式冷水机组。

（1）活塞式冷水机组。活塞式冷水机组就是把实现制冷循环所需的活塞式制冷压缩机、辅助设备急附件紧凑地组装在一起的专供空调用冷目的使用的整体式制冷装置。活塞式冷水机组单机制冷从 60～900kW，适用于中、小工程。

（2）螺杆式冷水机组。螺杆式冷水机组是提供冷冻水的大中型制冷设备。常用于国防科研、能源开发、交通运输、宾馆、饭店、轻工、纺织等部门的空气调节，以及水利电力工程用的冷冻水。螺杆式冷水机组是由螺杆制冷压缩机组、冷凝器、蒸发器以及自控元件和仪表等组成的一个完整制冷系统。它具有结构紧凑、体积小、质量轻、占地面积小、操作维护方便、运转平稳等优点，因而获得了广泛的应用，其单机制冷量从 150～2200kW，适用于中、大型工程。

（3）离心式冷水机组。是由离心式制冷压缩机和配套的蒸发器、冷凝器和节流控制装置以及电气表组成整台的冷水机组，单机制冷量从 700～4200kW。其适用于大、特大型工程。

🔘3 技术原理

（1）压缩式空调制冷工作原理：空调在作制冷运行时，低温低压的制冷剂气体被压缩机吸入后加压变成高温高压的制冷剂气体，高温高压的制冷剂气体在室外换热器中放热（通过冷凝器冷凝）变成中温高压的液体（热量通过室外循环空气带走），中温高压的液体再经过节流部件节流降压后变为低温低压的液体，低温低压的液体制冷剂在室内换热器中吸热蒸发后变为低温低压的气体（室内空气经过换热器表面被冷却降温，达到使室内温度下降的目的），低温低压的制冷剂气体再被压缩机吸入，如此循环。

（2）压缩式空调制热运行原理：空调在作制热运行时，低温低压的制冷剂气体被压缩机吸入后加压变成高温高压的制冷剂气体，高温高压的制冷剂气体在室内换热器中放热变成中温高压的液体（室内空气经过换热器表面被加热，达到使室内温度升高的目的），中温高压的液体再经过节流部件节流降压后变为低温低压的液体，低温低压的液体在换热器中吸热蒸发后变为低温低压的气体（室外空气经过换热器表面被冷却降温），低温低压的气体再被压缩机吸入，如此循环。工作原理如图 2－43 所示。

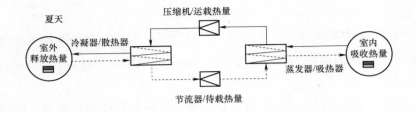

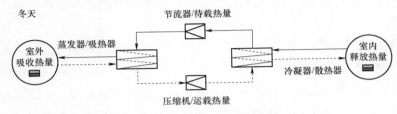

图 2-43　中央空调工作原理图

📖④ 建设内容

（1）项目设计流程。

1）各类建筑物空调负荷计算。一般情况下，办公楼、写字间、客房负荷可以按照约 100kcal/m²，会议室、影剧院、演播大厅约 160～200kcal/m²，酒店、洗浴、餐厅 160～260kcal/m² 计算。

2）空调方案优缺点比较。

3）制冷主机选型。

a. 根据建筑的空调面积和房间功能进行空调冷负荷计算。

b. 统计建筑空调总负荷。

c. 大部分建筑需要考虑房间的同时使用率，一般建筑的同时使用率为 70%～80%，特殊情况需根据建筑功能和使用情况确定。

d. 制冷机冷负荷为建筑空调总负荷与同时使用率的乘积。根据计算的制冷机冷负荷既可选择制冷主机。

e. 制冷主机台数可以根据建筑业主和建筑所备机房情况进行确定。

f. 主机形式可以根据业主实际情况或根据工程情况对多种方案进行比较确定，选择最适合该工程的主机形式。

4）末端设备选型。风机盘管有两个主要参数：制冷（热）量和送风量，因此，选择的方法有两种：

a. 根据房间循环风量选：房间面积、层高（吊顶后）和房间换气次数三者的乘积即为房间的循环风量。利用循环风量对应风机盘管高、中速风量，即可确定风机盘管型号。

b. 根据房间所需的冷负荷选择：根据单位面积负荷和房间面积，可得到房间所需的冷负荷值，利用房间冷负荷对应风机盘管的制冷量即可确定风机盘管型号。

5）空调水系统设计。

6）空调风系统设计。

（2）项目实施流程。在技术方案确认后，进入实施流程。实施流程主要包括合同签订、设备采购、土建施工、设备安装调试、项目验收等关键步骤。

（3）项目经济效益。

1）中央空调工程造价的组成部分包括以下内容。

a. 设备费（除膨胀水箱、软化水箱、阀门管道和管件以外，全部为设备费，设备费的准确度应比合同最终签订价高 8%～10%）。

b. 设备运杂费（运输、包装费等）一般取设备费的 1%～2%（根据设备的产地和使用地的距离来确定）。

c. 设备安装费：一般取设备的 5%～8%，（除散件设备，如冷却塔的安装费：取冷却塔设备费的 10%～15%）。

d. 设备运行调试费：一般取设备费的 0.5%～1%。

e. 管道制作、安装、保温等费用，一般为设备费的 20%～40%。（根据系统的复杂程度来确定）。

f. 电气费、土建费用（应另行计算）。

g. 工程设计费，取以上所有费用合计的 2.5%～3%。

h. 工程的其他费用（包括各种税费、工程临时设施费、冬雨季施工费、利润等），一般取以上所有费用合计的 5%～8%。

上述所有费用之和即工程总造价。

2）工程总造价的估算方法（经验仅做为参考）。

a. 采用水冷冷水机组，末端为风机盘管没有新风的情况下，建筑空调造价为 200 元/m² 左右，末端为风机盘管加新风的为 250 元/m² 左右。

b. 采用风冷冷水机组，末端为风机盘管没有新风的情况下，建筑空调造价为 250 元/m² 左右，末端为风机盘管加新风的为 300 元/m² 左右。

（4）项目总结及建议。

1）近年来我国制冷技术突飞猛进，产品性能得到大幅改善。另外，国家公共建设项目普遍利薄，而且要求又复杂，外资品牌履约成本高，从而给国产品牌腾出了空间。

2）空调能耗是建筑能耗的主要部分，对于既有建筑进行空调系统改造也是未来需要关注的重点。空调节能的技术措施可归纳为矛和盾共八个方面：减少冷负荷、提高制冷机组效率、利用自然冷源、减少水系统泵机的电耗、减少风机电耗、采用自然通风、使用智能控制系统、中央空调余热回收。

a. 减少冷负荷是空调节能最根本的措施，具体措施有改善建筑的隔热性能、选择合理的室内参数、局部热源就地排除、合理使用室外新风量、防止冷量的流失等。

b. 提高冷源效率可采取降低冷凝温度、提高蒸发温度、优选制冷设备等。

c. 利用自然冷源。比较常见的自然冷源主要有两种，一种是地下水源及土壤源，另一种是春冬季的室外冷空气。深圳地下水及地下土壤常年保持在 20℃ 左右的温度，所以地下水可以在夏季作为冷却水为空调系统提供冷量，这常用于中低温热泵。第二种较好的自然冷源是春冬季的室外冷空气，当室外空气温度较低时，可以直接将室外低温空气送至室内，为室内降温。对于全新风系统而言，排风的温度、湿度参数是室内的空调设计参数，通过全热交换器，将排风的冷量传递给新风，可以回收排风冷量的 70%～80%，有明显的节能作用。

d. 减少水系统泵机的电耗。空调系统中的水泵耗电量也非常大。空调水泵的耗电量占建筑总耗电量的 8%～16%，占空调系统耗电量的 15%～30%，所以水泵节能非常重要，节能潜力也比较大。减少空调水泵电耗可从以下几个方面着手：减小阀门、过滤网阻力，提高水泵效率，设定合适的空调系统水流量等。

e. 减少风机电耗。空调系统中，风机包括空调风机以及送风机、排风机，这些设备的电耗占空调系统耗电量的比例是最大的，风机节能的潜力也最大，因此，风机节能也应引起足够的重视。减少风机能耗主要从以下几个方面入手：定期清洗过滤网、定期检修、检查皮带是否太松、工作点是否偏移、送风状态是否合适。使用变频风机将定风量控制改为变风量控制，降低送风的风速，减小噪声。末端风机改为变风量控制系统，可根据空调负荷的变化及室内要求参数的改变，自动调节空调送风量（达到最小送风量时调节送风温度），最大限度地减少风机动力以节约能量。室内无过冷过热现象，由此可减少空调负荷15%~30%。

f. 使用智能控制系统。目前，部分医院的空调系统未设自控系统，空调设备的投入均由人工完成，对于面积较大的医院，可能有上百台空调箱、新风机组，运行管理人员连每天启停空调箱都没有足够的精力去实现，更不用说适时地调整空调箱的运行参数，让其节能运行。因此空调箱、新风机在空调季节只得让它们全天24h运行。如果为空调系统加装楼宇自控系统，即使是最简单的启停控制，也可以极大节省空调能耗。另外也容易实现末端温度的灵活设置。

g. 保持室内空气清新，室内环境污染已经成为危害人类健康的一个不容忽视问题，为了有效地解决空气问题，杜绝室内空气的污染，可采用双向换气装置，这样，送入的新风温度基本相近于室内温度，既可用于北方冬季室内保湿，又可用于南方夏季隔潮。而且在供热和制冷时还可回收热量，节约制冷供暖用能源可达30%以上。

h. 空调余热回收。压缩机工作过程中会排放大量的废热，热量等于空调系统从空间吸收的总热量加压缩机电动机的发热量。水冷机组通过冷却水塔，风冷机组通过冷凝器风扇将这部分热量排放到大气环境中去。热回收技术利用这部分热量来获取热水，实现废热利用的目的。热回收技术应用于水冷机组，减少原冷凝器的热负荷，使其热交换效率更高；应用风冷机组，使其部分实现水冷化，使其兼具有水冷机组高效率的特性。所以无论是水冷、风冷机组，经过热回收改造后，其工作效率都会显著提高。根据实际检测，进行热回收改造后机组效率一般提高 5%~15%。由于技术改造后负载减少，机组故障减少，寿命延长。目前，该项技术广泛应用于活塞式、螺杆式冷水机组。另外，采用冰蓄冷技术虽然不节能但可大幅降低医院空调能耗。

i. 空调及热交换器自动清洗节能环保系统，空调末端设备的热交换器、冷凝水盘、过滤网等部件在阴暗、潮湿的环境下运行，为微生物的大量繁殖提供了生长条件。特别是过滤网前端的热交换器，它介于过滤器与风机之间或风机之前，因无法清洗消毒而滋生繁衍了大量有害微生物，严重污染流经的空气。目前，一般采用人工化学清洗。污垢、水垢被化学、人工机械清洗暂时除掉后，随着设备的重新启用，新的污垢、水垢又不断产生，这样既不清洁，又降低了热交换效率和制冷量，并会逐渐堵塞冷凝管降低了整套设备的运行效率，大大增加了损耗电量。惊人的多耗电产生了巨大的经济损失，又造成严重的化学水污染。对于这一点，除了采用医用中央空调的以外，还可采用空调及热交换器自动清洗节能环保系统。

对于一家医院，如从基建时考虑到建筑主体节能，再全面采用中央空调系统综合节能技术及冰蓄冷技术，空调运行费用可减少 50%以上。以深圳地区的工程经验来看，中央空调系统综合节能技术以余热回收技术投资回报最快，可控制在一年以内。

第十一节　家 庭 电 气 化

家庭电气化主要是结合国家城镇化与智慧城市建设，积极推广居民生活领域电气化，让电能广泛运用于家庭生活的每个角落，提高电能在家庭能源消费中的占比，改善家庭环境，享受现代优质生活。主要包括电厨炊和电洗浴技术的应用。

一、电厨炊设备（电高压锅、电蒸锅、微波炉、电热水壶等）

1 概述

电厨炊设备是指以电作为能源的各类炊具，包括电高压锅、电蒸锅、微波炉、电热水壶等。

2 应用范围

政府机关、部队、医院、学校、企事业单位等单位或者家庭居家生活，以

111

及餐饮行业。

❸ 技术原理

电厨炊是指在厨房中广泛使用各种电器，特别是使用各种智能电厨炊器具，用于烹饪煮食、储存食物、清洁厨具等方面，可尽情享受无火、便捷、节能、安心、清洁、健康的厨房生活。

电压力锅是传统高压锅和电饭锅的升级换代产品，它结合了压力锅和电饭锅的优点，彻底解决了压力锅的安全问题，解除了普通压力锅困扰消费者多年的安全隐患；其热效率大于80%，省时省电。如图2-44所示。

电蒸锅也叫电蒸笼，电蒸锅是一种在传统的木蒸笼、铝蒸笼、竹蒸笼等基础上开发出来的用电热蒸汽原理来直接清蒸各种美食的厨房生活电器。如图2-45所示。

图2-44　电压力锅

图2-45　电蒸锅

图2-46　电磁炉

电磁炉又称为电磁灶，原理是电磁感应现象，即利用交变电流通过线圈产生方向不断改变的交变磁场，处于交变磁场中的导体的内部将会出现涡旋电流，涡旋电流的焦耳热效应使导体升温，从而实现加热。如图2-46所示。

❹ 案例分析

以福建三明家庭电气化示范小区建设为例。概况如表2-29所示。

表 2-29　　　　　　　　　　案　例　概　况

项目名称	福建三明市国税宿舍家庭电气化示范小区建设		
业主单位	三明市国家税务局		
实施单位	国网福建省电力有限公司三明供电分公司		
项目工期	2013 年 7 月～2014 年 6 月		
项目投资	50 万元	年替代电量	40 万 kWh
年增加电费	22.5 万元	静态回收期	2.2 年
年减排 CO_2	250t	年减排粉尘	68t
年减排二氧化硫	7.5t	年减排氮氧化物	3.5t

（1）项目背景。随着经济社会的发展，家用能源（燃料）的方式也日趋多样化。目前，国内大部分家庭使用的能源种类主要有电能、天然气、液化气、管道煤气等，普遍存在多种能源共同使用的情况。

煤气、液化石油气以及天然气燃烧后均会向大气中排放污染物，造成环境污染，同时明火煮食、取暖等容易引起火灾，给生命财产带来威胁。随着能源价格比对关系逐步趋于合理，石油、天然气价格将不断上涨，电能在终端能源消费市场中的竞争力会进一步增强。同时人们对于生活质量的要求不断提升，更加注重和追求家庭厨炊的便捷、高效、安全、卫生，电厨炊应用越来越广泛。用新型的电厨炊器具替代原有的燃煤、燃气等普通炊具，减少煤气等不可再生能源的使用，将更有利于营造绿色低碳的环境，这也将让家居生活变得更加干净、舒适。

为进一步开拓电力市场，国网福建电力公司要求加大家庭电气化建设步伐，积极实施电能替代发展战略。

选取福建三明市国税宿舍为家庭电气化示范小区，由三明供电公司投资，对其配电房进行升级改造。三明市国税宿舍共 180 户居民，建设家庭电气化示范小区前，平均每户人家每年使用其他能源费约为 1250 元，180 户合计每年使用其他能源费约为 22.5 万元。

（2）项目设计流程。项目设计标准化流程如图 2-47 所示。

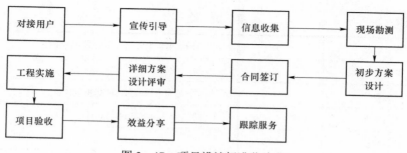

图 2-47　项目设计标准化流程

对接用户：县区供电所人员、大客户经理、营销专责对接本地区电力用户，充分利用属地化项目运作优势。

宣传引导：面向用户开展家庭电气化宣传，引导推广用户使用家用电器。

信息收集：收集用户开展家庭电气化建设项目信息，响应用户用电需求。

现场勘测：县区供电所人员、大客户经理、营销专责对接节能服务公司，联合供应商厂家，开展现场勘查，调研收集具体的用能参数和运行状况数据。

初步方案设计：根据现场勘测、调研的结果进行电能替代改造可行性分析、用电需求分析、形成初步的改造方案，并进一步和业主进行沟通对接。

合同签订：根据和用户沟通情况，确定实施改造建设，明确建设内容和目标、投资方式等，并签订合同。

详细方案设计评审：制定详细的施工设计方案，并组织专家论证评审。

工程实施：施工设计方案通过评审后，根据签订的合同内容和改造施工方案进行工程实施建设。

项目验收：业主方组织相关机构进行项目验收评价。

效益分享：鼓励所属节能公司创新商业模式，以合同能源管理等方式投资建设示范效果好、经济效益佳的客户电能替代项目。业主方和投资方按照 EMC 合同能源管理内容进行节能效益分享。

跟踪服务：实施方跟踪项目后续进展，提供后续服务，保障用户安全可靠用电。

（3）项目实施流程。

1）加大新型高效节能家用电器宣传力度。针对家庭电气化的需求，联合相关电器厂商、小区物业公司及有关媒体，成立家用电器推广联盟，开展智能电饭煲、电磁炉、微波炉等新型节能家电推广及使用演示宣传活。

2）争取和利用政策优势引导推广。充分争取和利用福建"家电下乡"补贴政策、福建居民用电阶梯电价、分时电价政策等相关政策优势进行宣传，帮助用户争取和享受政策红利，尽量降低用户初期对家用电器的一次性购买成本。

3）开展"家庭电气化，共建美好家园"专题活动。通过与家用电器商组成电器推广联盟，开展"家庭电气化，共建美好家园"专题活动，将"家庭电气化"的抽象概念实体化、落地化，便于"家庭电气化"的传播、推广。

4）及时响应用户多样化用电需求，保障安全可靠用电。组建居民用电检查、家电运维服务团队，及时响应用户提出的用电需求，并给出安全性、可靠性、经济性以及可行性分析，保障用户安全可靠用电。

5）建设家庭电气化示范小区。在充分的信息收集、现场勘测以及可行性分析的基础上，确定项目的投资模式为电器设备用户自主投资、配网改造由供电企业投资的方式。根据现场勘测的用能现状和用电需求，对项目的初始投资、运行费用以及经济社会效益进行分析。选取三明国税局宿舍进行家庭电气化示范小区建设，由三明供电公司对配电房进行升级改造，有效提升和保障小区的供电能力。

（4）项目经济效益。三明供电公司投资 50 万元进行配电线路升级改造，支撑三明国税宿舍建设家庭电气化示范小区。项目竣工后每年可新增售电量约 40 万 kWh，新增电费收入约 22.5 万元，对电网公司而言 2 年左右即可收回投资。同时，实施电气化小区后每年可减少约 250t CO_2、68t 粉尘、7.5t 二氧化硫、3.5t 氮氧化物，有效改善小区环境，经济效益与环境效益显著，真正做到人与自然的"双赢"。

（5）项目实施效果。

1）创新宣传推广形式，与媒体合作，开展"家庭电气化"宣传专栏、主题活动、比赛评选、有奖竞技等丰富多样的宣传活动，提升广大用户的兴趣与参与度。同时要积极争取和利用"家电下乡"等支持政策进行推广引导。

2）在开展专题宣传活动前，供电企业和相关电器供应商要协调好各项事宜，安排好相关人员、物资、场地、时间等各个方面，同时与相关媒体联系，以便加大对活动的宣传力度，保证活动顺利有效地进行。

3）供电企业应充分借助营业窗口、电力网站、95598 客户中心等内部宣传载体，方便客户查询或索要各类有关"家庭电气化"的宣传资料，居民办理用电申请时，由供电营业窗口人员统一分发"家庭电气化"宣传手册以及推广建设电气化示范小区、电气化示范村的宣传单页，形成常态的线上线下宣传机制。

4）针对城市居民，结合开展"科学用电"进社区活动，定期在居民小区张贴"家庭电气化"宣传海报，分发"家庭电气化"宣传资料，同时协同各类电器销售商、小区物业公司，走进居民小区，开展电磁灶、微波炉等新型节能家电的推广及使用演示宣传活动。

5）针对农村居民，应充分利用公司已建好的强大的营销网络，组织农村电工、县（乡）营业厅工作人员，依托当前国家的"家电下乡"政策，全面开展"家电下乡，我来服务""服务三农用电"等活动。同时，以供电所为单位，建立"家电下乡"服务小分队，逐户分发"家庭电气化"宣传手册以及宣传海报服务三农于家门口，指导农民用电客户做好科学用电。

6）加快配网项目的改造进程。加快配网的建设步伐，对家庭电气化示范小区配网进行升级改造。同时，加快新一轮农网改造，让广大农村的用电需求得到满足，让有条件的农村客户也尽快地能享受家庭电气化带来的乐趣。

7）供电企业在进行电网工程改造时，要注意安全施工，尽量减少停电次数，严格把控工期、严格管控项目成本。在新建小区配网进行建设时，变压器应留有足够的裕量，以满足家庭电气化小区建设时的用电需求；对已建小区配网及农网进行升级改造时，应协调好与民众之间的关系，妥善解决好工程过程中遇到的各种矛盾，提前做好应急预案。

二、热式/蓄热式电洗浴热水器

☀ 1 概述

电洗浴技术是指在洗浴时广泛使用各种电热水器等各种电器,使家居生活更加便利。

👆 2 应用范围

适用于民用建筑家庭厨卫以及洗浴热水供应。

🌀 3 技术原理

电洗浴技术是指利用以电能作为能源的热水器进行加热提供洗浴等生活用热水,常用的有即热式电洗浴热水器和蓄热式热水器。

即热式电热水器是一种可以通过电子加热元器件来快速加热流水,并且能通过电路控制水温、流速、功率等,使水温达到适合人体洗浴的温度的热水器。即开即热,无须等待,通常在数秒内可以启动加热。即热电热水器从使用类型可分为:多挡位即热式电热水器、恒温即热式电热水器、小厨宝、洗手宝、即热式太阳能伴侣、电热水龙头等多种类型。如图 2-48 所示。

蓄热式电热水器是一种新型的电热水器,兼备容积式与即热式的特点,同时具备一个蓄水水箱和两组发热装置。两组发热装置分别用于对水的预热及瞬时加热,通过对它们的配合使用,既可缩短加热时间,又可以降低加热功率。如图 2-49 所示。

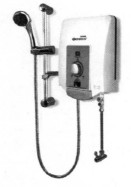

图 2-48 即热式电热水器

图 2-49 蓄热式电热水器

📖④ 案例分析

以浙江某居民小区电热水器项目为例。如表 2-30 所示。

表 2-30   案 例 概 况

项目名称	浙江省某新建居民住宅小区电热水器		
业主单位	浙江省某新建居民住宅小区		
投资模式	开发商用户自主投资		
项目工期	2014 年 7 月～2015 年 6 月		
设备采购	30 万元		
年替代电量	7.3 万 kWh	年运行费用	3.927 4 万元
年减排 CO_2	58.236 5t	年减排粉尘	0.117 5t
年减排二氧化硫	0.385 4t	年减排氮氧化物	0.163 5t

（1）项目背景。目前民用建筑中使用的热水器种类主要有以下几种：燃气热水器、电热水器、太阳能热水器。

燃气热水器适用于住宅区铺设了天然气管道，在使用时有可能发生天然气泄漏，同时要排出大量的废气，废气中除了二氧化碳外还有不完全燃烧的产物一氧化碳，通风不良时会影响人体健康，严重时会发生中毒事故。安装时应具有良好、可靠的给气和排气条件。

太阳能热水器清洁高效，安装复杂，一般在楼顶，检修维护不方便，同时对天气地域依赖性较高，光照不足的多雨季节不太适合。

随着技术进步和市场竞争形势的变化，电热水器的技术逐渐成熟，更加智能、节能、安全和高效。

浙江省积极推动绿色建筑发展，鼓励在建住宅实施全装修交互。国网浙江省电力公司积极落实电能替代发展战略，探索与开发商合作推动住宅电气化建设。

（2）项目设计流程。如图 2-50 所示。

图 2-50　项目设计流程

对接用户：县区供电所人员、大客户经理、营销专责对接本地区用户、住宅开发商，了解居民热水供应状况。

宣传引导：面向用户开展电热水器主题宣传活动，引导用户使用电热水器。

配套支撑：收集用户热水供应需求项目信息，配套开发商或者小区开展配电网升级改造建设，支撑满足用户用电需求。

跟踪服务：成立用电服务小队，跟踪居民用户用电状况，及时排查用电故障，保障安全、可靠用电。

（3）项目经济效益。该项目由供电公司主导，选取浙江省某新建居民住宅小区进行推广安装电热水器。该小区有居民 100 户，与开发商、电热水器开发商合作推动实施，每户安装 60L 电热水器，设备初始采购以及安装费用 3000元左右，电热水器功率 2000W，一般加热 1h，即可满足 4 个人洗澡的热水供应需求，单台设备日耗电量 2kWh，整个居民小区年耗电量 73 000kWh，按照居民用电电价 0.538 元/kWh 计算，年运行电费 39 724 元，能够实现每年减少约 58.236 5t CO_2、0.117 5t 粉尘、0.385 4t 二氧化硫、0.163 5t 氮氧化物。经济效益、社会效益明显，具有示范推广意义。

（4）项目总结及建议。供电企业应当充分利用政府家电下乡、绿色建筑等相关政策优势，联合房地产开发商和电热水器供应商做好宣传推广，多方参与，互利共赢。

丰富电热水器的宣传推广活动形式。目前电热水器市场的推广及渠道有些单一，电力企业应当联合商场、零售商进行市场推广和促销活动，通过节假日的各种特价活动、小区推广、团购方式助推市场。经常深入小区进行做社区推广活动，有利于提升品牌的知名度和实际推广应用效果。

虽然电热水器相比燃气热水器、太阳能热水器，运行成本费用相对较高，但是因为人们生活水平的提升，人们更加关注生活的质量以及舒适便捷程度。因此，智能电热水器可以实现智能调节控制、安全高效便捷运行，越来越受到人们的关注。在选取推广电热水器时应当重视智能化品牌。

第十二节 电 动 汽 车

🔆❶ 概述

目前，国内日益严重的环境保护和能源安全问题，正在不断推动新能源汽车及其相关产业发展。利用电能驱动汽车，可以有效降低汽车尾气排放和汽油消耗，进而有效降低我国城市雾霾和能源短缺的问题。在此情况下，为了进一步推广电动汽车的使用，推广电动汽车充电桩和充换电站的建设便越发显得紧迫。

根据《国务院办公厅关于加快新能源汽车推广应用的指导意见》（国办发〔2014〕35 号）的精神，电动汽车是未来中国新能源汽车发展的主要方向，而电动汽车的推广必然离不开充电设施的有效覆盖。为此，2015 年 10 月 9 日，国家发改委联合能源局、工信部、住建部联合下发了《电动汽车充电基础设施发展指南（2015—2020 年）》（发改能源〔2015〕1454 号）文件，提出了到 2020 年，新增集中式充换电站超过 1.2 万座，分散式充电桩 480 万个，如表 2-31 所示。

表 2-31   近五年国内充换电站和充电桩数量

年份	累计建成电动车充换电站（座）	累计建成电动车充电桩（万台）
2012 年	353	1.47
2013 年	400	3.5
2014 年	618	7.9
2015 年	1537	12.0
2016 年	5528	28.0
2017 年（预期）	—	90.0

同时，国家也针对不同地区的环境约束和经济条件，制定了 2016～2020 年各省市充电设施的奖励补助标准，如表 2-32 所示。

表 2-32 　　　 2016～2020 年各省新能源汽车充电基础设施奖补标准

	年份(年)	奖补门槛（辆）	奖补标准（万元）	超出门槛部分奖补标准
大气污染治理重点省市	2016	30 000	9000	每增加 2500 辆，增加奖励 750 万元，最高封顶 1.2 亿元
	2017	35 000	9500	每增加 3000 辆，增加奖励 800 万元，最高封顶 1.4 亿元
	2018	43 000	10 400	每增加 4000 辆，增加奖励 950 万元，最高封顶 1.6 亿元
	2019	55 000	11 500	每增加 5000 辆，增加奖励 750 万元，最高封顶 1.8 亿元
中部省和福建省	2016	18 000	5400	每增加 1500 辆，增加奖励 450 万元，最高封顶 1.2 亿元
	2017	22 000	5950	每增加 2000 辆，增加奖励 550 万元，最高封顶 1.4 亿元
	2018	28 000	6700	每增加 2500 辆，增加奖励 600 万元，最高封顶 1.6 亿元
	2019	38 000	8000	每增加 3500 辆，增加奖励 700 万元，最高封顶 1.8 亿元
其他省（区、市）	2016	10 000	3000	每增加 800 辆，增加奖励 240 万元，最高封顶 1.2 亿元
	2017	12 000	3250	每增加 1000 辆，增加奖励 280 万元，最高封顶 1.4 亿元
	2018	15 000	3600	每增加 1200 辆，增加奖励 300 万元，最高封顶 1.6 亿元
	2019	20 000	4200	每增加 1500 辆，增加奖励 320 万元，最高封顶 1.8 亿元

综上所述，在此背景下，充电桩/充换电站作为电能替代的主要技术之一，在政府政策的推动下，市场的发展趋势会不断加快。

👆2 应用范围

充电桩安装应用范围可分为公共充电桩和专用充电桩。公共充电桩是建设在公共停车场（库）结合停车泊位，为社会车辆提供公共充电服务的充电桩；专用充电桩是建设单位（企业）自有停车场（库），为单位（企业）内部人员使用的充电桩，以及建设在个人自有车位（库），为私人用户提供充电的充电桩。充电桩通常结合停车场（库）的停车位建设。

充换电站是相对于充电桩而言，具有充电地点固定、充电时间集中、充电负荷功率大等特点，接入中低压配电网后，还会对配电网的电能质量以及经济性产生影响。根据服务车辆种类的不同，电动汽车充换电站的结构组成有所不同，常规为私家车充电的普通充换电站一般只配备了充电机，慢充时间达到7、8h，快充在半小时左右；而为公交车、出租车等公共交通车辆服务的换电站由于采用相同的车型和电池规格，除了配备大功率集中充电箱，还配有更换电池的装置，提高了充电效率，节省了充电时间。从目前电动汽车的普及现状来看，电动汽车在公共交通服务车辆中的比例较高，而在私家车中占得比例很少。因此，具有更换电池装置的充换电站在目前市场中有较多的应用，而国内充换电站的服务对象均以电动公交车为主。

🔢 充电桩技术原理

（1）充电桩的技术类型分为如下两种。

1）交流充电桩。由电网提供220V或者380V交流电源，经过车载充电装置的滤波、整流和保护等功能，实现对电动汽车蓄电池的充电过程。这种充电方法充电时间较长，充电功率较小，适合小型纯电动车以及混合动力运行的汽车。

2）直流充电桩。直流充电。这种充电方式是由地面提供直流电源，直接为车上的蓄电池进行充电，省去了车载充电装置，有利于车身自重的减轻。地面充电机一般功率较大，能实现快速充电。适合电动公交车等大型电动汽车。如表2-33所示。

（2）充电桩的安装类型有如下两种。

1）立式充电桩。立式充电桩无需靠墙，适用于户外停车位或小区停车位，立式价格偏高，而且它会占用较大的空间，但充电功率较高，一般安装在四周空旷的停车场当中。

2）壁挂式充电桩。而壁挂式充电桩必须依靠墙体固定，适用于室内和地下停车位。壁挂式的优势就是节省空间，价格偏低，但必须安装在可以布线的墙壁上，并且其充电功率相对于立式较低，一般用于家用。

（3）充电桩的接口标准如下。

表 2-33　　　　　　　　　常规充电模式和适用范围

序号	充电模式	额定电压	额定电流	适用场所	应用范围
1	将电动汽车连接到交流电网时适用已标准化的插座,并使用相线、中线及地线。额定电压和电流负荷标准要求	单相 220V AC	16A	家用	以充电桩为主
2	将电动汽车连接到交流电网时使用了特定的供电设备。分三种方式。额定电压及电流符合标准要求	单相 220V AC	32A	商场、停车场等	充电桩、充电电站
		单相 380V AC	32A		
		单相 380V AC	63A		
3	用非车载充电机将电动汽车和交流电网间接连接。最大供应电流和电压符合标准要求	600V DC	300A	高速公路服务区、充电站等	大型充电站

1）Combo 插座。欧洲应用最广泛,主要应用于奥迪、宝马、克莱斯勒、戴姆勒、福特、通用、保时捷以及大众都应用此标准。

2）CHAdeMOE。日产聆风、三菱 Outlander 插电混动车、雪铁龙 C-ZERO、标致 iON、雪铁龙 Berlingo、标致 Partner、三菱 i-MiEV、三菱 MINICAB-MiEV、三菱 MINICAB-MiEV 卡车、本田飞度电动版、马自达 DEMIO EV、斯巴鲁 Stella 插电混动车、日产 eEV200 等采用此标准。

3）CCS 联合标准。美系和德系的八大厂商福特、通用、克莱斯勒、奥迪、宝马、奔驰、大众和保时捷联合制定,之诺 1E、奥迪 A3e-tron、北汽 E150EV、宝马 i3、腾势、大众 e-up、长安逸动 EV 和 Smart EV 均为此标准。

4）特斯拉标准。美国特斯拉汽车主导推动。

5）国内通用的充电标准,主要指 GB/T 20234—2015《电动汽车传导充电连接装置》。

（4）充电桩的通信方式。由于充电桩属于配电网侧,其通信方式往往和配电网自动化一起综合考虑。通信是配电网自动化的一个重点和难点,区域不同、条件不同,可应用的通信方式也不同,具体到电动汽车充电桩,其通信方式主要有有线方式和无线方式。

1）有线方式。有线方式主要有：有线以太网（RJ45 线、光纤）、工业串行总线（RS485、RS232、CAN 总线）。有线以太网主要优点是数据传输可靠、网络容量大，缺点是布线复杂、扩展性差、施工成本高、灵活性差。工业串行总线（RS485、RS232、CAN 总线）优点是数据传输可靠，设计简单，缺点是布网复杂、扩展性差、施工成本高、灵活性差、通信容量低。

2）无线方式。无线方式主要采用移动运营商的移动数据接入业务，如GRPS、EVDO、CDMA 等。采用移动运营商的移动数据业务需要将电动汽车充电桩这一电网内部设备接入移动运营商的移动数据网络，需要支付昂贵的月租和年费，随着充电桩数量的增加费用将越来越大。同时，数据的安全性和网络的可靠性都受到移动运营商的限制，不利于设备的安全运行。其次，移动运营商的移动接入带宽属共享带宽，当局部区域有大量设备接入时，其接入的可靠性和每个用户的平均带宽会恶化，不利于充电桩群的密集接入、大数据量的数据传输。

④ 换电站的技术原理

电动汽车充换电站和汽车加油站相类似，是一种"加电"的设备，可以快速的给电动汽车充换电。充换电站以标准电池模块充换为核心，整车快速补电为辅。每个充换电站考虑近期和远景分别配置多组电池，设置多个换车工位、若干个整车充电位和若干个充电桩。

由于公交车行驶路线相对固定，因此选取线路首末端相对集中的公交停车场、公交枢纽站来建设充换电站，采用"换电为主、插充为辅"的电动汽车电能供给模式。充换电站的充电模式由于和充电桩的充电模式一致，因此不再赘述，而换电过程，则是通过换电机器人将充好电的电池换到电动汽车上，并将已经没电的电池换到电池架上充电。优点在于换电较充电而言，大幅度地降低了汽车等待的时间，不影响原有的使用习惯，而且有有利于电池的维护、保养。缺点在于换电较充电而言成本过于昂贵。

⑤ 充电桩/充换电站的运营模式

目前国际主流的充电桩及充换电站的运营模式主要有三种：

（1）以政府为主导、以电网企业为主导以及以汽车厂商为主导的充电桩运营模式。以政府为主导的充电桩运营模式，代表国家如日本和美国。政府作为电动汽车充电桩的投资主体，组织汽车厂商、电力供应商、设备供应商共同参与充电桩的建设与运营。该模式适用于电动汽车发展初期，随着投资需求增大，政府负担加重将难以维持。

（2）以汽车厂商为主导的充电桩运营模式，即汽车厂商自己投资建设充电桩，很多汽车生产商如特斯拉、丰田等就采用了这种模式。该模式适用于基础设施建设良好、电动汽车商业化运营条件成熟的阶段。缺点在于充电桩利润容易受到电价波动的影响。

（3）以电网企业为主导的充电桩运营模式，代表国家如法、德。即电网企业作为电动汽车充电桩的投资主体，负责充电桩的建设与运营，充电设施具有完全的商业化性质。该模式适合用于电动汽车商业化运行规模较大，需求与投资相对稳定的阶段。电网具有网络传输优势的优势，但是缺少终端销售网络和充电桩的运营经验。此外，还有诸如众筹模式等其他新兴的运营模式，不同的运营模式的比较如表 2-34 所示。

表 2-34　　　　　　　　　不同模式的优缺点比较

模式	特点	优点	缺点
政府主导	政府投资，政府运营	有序，集约化发展	运营效率低
企业主导	与电动车搭配销售	资金充裕、管理有效	相关领域协调性不足，受电压影响大
电网主导	政府提供需求，电网负责建设	互补性强，运营效率高	政策制约性大，缺乏经验
众筹模式	企业发布信息，多个企业实际控股	社会力量参与度高，多方共赢	容易出现无序化、恶意竞争

我国尚处于电动汽车发展初期，充电桩基础设施不完善，相关的标准还在逐步建立，市场的发展也尚未成熟，现阶段采用单一模式并不适合国情，采用"汽车厂商＋电网企业"的联盟模式将是较为理想的办法。电网企业具有先天的优势，汽车厂商手握终端资源以及运营与优势，两者结合是共赢之路。双方的联盟可以实现优势互补，推动电动汽车标准统一，推动电动汽车市场化进程。

⑥ 案例分析

充换电站案例分析见表 2-35。

表 2-35　　　　　　　　　充 换 电 站 案 例 概 况

项目名称	山东青岛薛家岛电动公交车充换电站		
投资单位	国家电网公司		
业主单位	国网青岛供电公司	竣工时间	2011/06
投资模式	业主自主全资	项目投资额	20 567 万元
项目年收益	4000 万元	静态回收期	17 年
年替代电量	16M kWh	年增加电费	1680 万元
减排量	碳排放 1.5t，一氧化碳 70t，氮氧化物 150t，碳氢化物 43t，粉尘 16t		

（1）项目背景。山东青岛市拥有约 6000 辆公交车，每辆公交车百公里油耗约为 40L 柴油、年行驶里程约 8 万 km，薛家岛充换电站项目为青岛市胶州湾海底隧道公交约 140 辆及青岛开发区 60 辆公交车服务。

（2）项目设计流程。

1）确定基本要素。搜集资料，确定系统布置设计的 5 个基本要素，即 P（作业对象）、Q（物流量）、R（作业线路）、S（辅助服务部门）、T（作业技术水平）。

2）作业流程分析。利用作业流程分析图将不同性质的作业加以分类，整理统计各作业阶段的储运单位及作业数量，标出各作业所在区域，即可得知各项作业流量大小及分布。基于作业流程分析，可进行作业区域设置，对各作业区所完成作业项目进行详细分析，测算其能力，估算各作业区面积。

3）物流分析。对物流路线和物流量进行分析，目的是尽量减少物流量和缩短物流距离，以提高运作效率、降低运作成本。

4）活动相关性分析。对物流作业区域和管理区或辅助性区域进行业务活动相关性分析，确定各作业区域之间的密切程度，对定性的相互关系密切程度由高到低进行评估，建立作业单位相互关系表。

5）制定设计初步方案。根据物流相关性和非物流相关性确定布置方案，确定物流与非物流相互关系比重，计算量化的所有作业单元之间综合相互关系，经过调整形成综合相互关系表，绘制出作业单位位置相关图。考虑修正条件（物料搬运方法、建筑特征、道路、厂区绿化、场地环境等）和实际约束条件（给定面积、建设成本、现有条件、政策法规等）形成作业单位面积相关图，并对其进行调整和修正，得到实际可行的项目设计方案。

（3）项目实施流程。该项目实施流程按照国家电网公司工程项目流程实施。工程具体实施单位（青岛供电公司）编制可行性研究报告，国家电网公司业务主管部门（国网营销部）组织可行性研究评审，国网青岛供电公司完成设计、设备物质、施工、监理招标需求提报，并负责组织完成初步设计、施工图设计、施工管理及竣工验收、资料归档。

整体项目工期约 80 天，从 2011 年 4 月 10 日开始建设，于 2011 年 6 月 30 日竣工。

（4）项目经济效益。原 200 辆燃油公交车年耗油 642 万升 0 号柴油，按 8 元/L 估算，200 辆燃油公交车的年能耗费用约为 5136 万元。该项目实施后，年替代电量 1600 万 kWh，只需增加电费 1680 万元。

（5）项目实施效果。该项目全面按照国家电网公司的标准建设，是具有完全自主知识产权的充换电站项目，实现了公交车充换电站于公交枢纽站一体化建设。取得了技术与管理的全面创新突破，实现了建设运营标准化、换电过程自动化、运行监控透明化、优化互动网络化、电池管理数字化、储能微网智能化等相关建设和创新。对落实国家电网公司电动汽车智能充换电服务网络战略，推动电动汽车产业发展起到了良好的示范引领作用。

第十三节　轨道交通电气化

☀❶ 概述

电气化轨道交通包括电气化铁路、城市轨道交通，主要以电能为牵引原动力，减少燃油的使用量，从而降低交通对石油的依赖，属于典型的"以电代油"技术。电气化轨道交通具有牵引功率大、能源综合利用率高、劳动生产率高、便于实现自动化控制的优点，已成为现代化轨道交通的主流。

由于受电力技术的限制，早期的电气化轨道交通系统均采用低压直流供电。随着电力和电子技术的发展，电气化轨道交通系统逐步向高压、交流和大功率牵引发展，并逐步演化为城市轨道交通和干线电气化铁路等不同运输形式。

（1）电气化铁路。世界第 1 条商业运营的电气化铁路于 1893 年在瑞典诞生，线路全长 11km，DC 550V 供电。随后西欧和前苏联都拥有了自己的电气化铁路，但因两次世界大战的影响，电气化铁路并没有得到很大发展。二战之后，发达国家急剧增长的运输需求和行业竞争迫使铁路部门开始了大规模的铁路现代化建设（主要是铁路电气化建设），电气化铁路的建设速度不断加快，平均每年新建电气化铁路在 5000km 以上。到 20 世纪 70 年代末，欧洲、日本以及前苏联的铁路干线均已实现电气化。

中国第 1 条电气化铁路是宝（鸡）—成（都）铁路，始建于 1955 年，1961年 8 月 15 日宝鸡至凤州段（93km）建成通车。由于历史原因，全长 676km 的宝成电气化铁路至 1975 年 7 月 1 日才实现全线通车。

改革开放后，中国电气化铁路得到了突飞猛进的发展，到 2016 年年底，全国铁路营业里程达 12.4 万 km，其中高速铁路 2.2 万公里以上。根据 2016 年修订后的《中长期铁路网规划》，到 2025 年，铁路网规模达到 17.5 万 km 左右，其中，高速铁路 3.8 万 km 左右。

（2）城市轨道交通。城市地铁和轻轨统称为城市轨道交通，全世界现有142 座城市拥有城市轨道交通系统，运营里程近 10 000km，有 14 座城市的地铁运营里程在 100km 以上，其中，纽约和伦敦的地铁线超过 400km，巴黎地铁线超过 300km，近期还有 20 多个国家的 30 多座城市正在修建城市地铁。

世界第 1 条地铁于 1863 年在英国伦敦建成并投入运营，最初由蒸汽机车牵引，1893 年实现电气化，这也是世界第一条电气化地铁系统。

1886 年美国阿拉巴马州蒙哥利市开始出现有轨电车，这是世界上最早的"城市轻轨"。旧式有轨电车速度慢、噪声大、舒适度差、且占用城市街道、影响城市景观，在汽车交通的冲击下纷纷落马，到 20 世纪 70 年代，全世界仅有8 座城市还存在有轨电车。当汽车交通的弊端（交通堵塞、空气污染、噪声扰民、能源危机）凸显之后，国际上一些大城市便利用现代技术改造旧式有轨电车，建成了技术先进的现代化城市轻轨交通系统。

中国第 1 条地铁是北京地铁，始建于 1965 年，1969 年 9 月通车；2000 年 5 月，北京开始轻轨（西直门—回龙观）建设，2001 年建成通车。截至 2017 年 1 月，北京地铁及轻轨交通的运营里程已达到 574km。

截至 2016 年 8 月，国务院共批复了 43 个城市的轨道交通建设，截至 2016 年 7 月，我国（内地）共有 27 个城市开通运营城市轨道交通，营运里程总计 3288 公里，线路超过 100 条，车站 2083 座。至 2020 年，中国城轨交通里程总数将达到 7000km 以上。

②应用范围

（1）电气化铁路。到 2020 年，一批重大标志性项目建成投产，铁路网规模达到 15 万 km，其中高速铁路 3 万 km，覆盖 80%以上的大城市，为完成"十三五"规划任务、实现全面建成小康社会目标提供有力支撑。到 2025 年，铁路网规模达到 17.5 万 km 左右，其中高速铁路 3.8 万 km 左右，网络覆盖进一步扩大，路网结构更加优化，骨干作用更加显著，更好发挥铁路对经济社会发展的保障作用。展望到 2030 年，基本实现内外互联互通、区际多路畅通、省会高铁连通、地市快速通达、县域基本覆盖。

（2）城市轨道交通。随着城市化进程的逐步加速，我国的城市轨道交通建设有望迎来黄金发展期。伴随投资额度的加大，城市轨道交通建设有望成为继铁路大规模投资之后新的投资热点。我国经济发展已到新的阶段，城市规模不断扩大，市民出行交通需求不断增长，高人口规模不再是城市轨道交通建设门槛的关键。预计到 2020 年，北京、上海、广州、深圳等城市将建成较为完善的轨道交通网络，南京、重庆、武汉、成都等城市建成轨道交通基本网络，南通、石家庄、兰州等城市建成轨道交通骨干线，其他城市轨道交通建设也将加快，从而使我国轨道交通的总体水平提升到一个新的层次。

③技术原理

（1）电气化铁路。电气化铁路替代内燃机车属于典型的"以电代油"技术，和传统的蒸汽机车或内燃机车牵引列车运行的铁路不同，电气化铁路是指从外部电源和牵引供电系统获得电能,通过电力机车牵引列车运行的铁路。它包括电力机车、机务设施、牵引供电系统、各种电力装置以及相应的铁路通信、信号等设备。电气化铁路具有运输能力大、行驶速度快、消耗能源少、运营成本低、工作条件好等优点,对运量大的干线铁路和具有陡坡、长大隧道的山区干线铁路实现电气化,在技术上、经济上均有明显的优越性。

电气化铁路主要由轨道、牵引供电系统、电力机车及机务系统组成。根据供电制式(供电电源的频率和电压等级)不同,牵引供电系统的组成也就不完全相同,但均包括电能的产生、馈出和传输三大部分。中国电气化铁路采用的是单相工频交流 25kV 供电制式,接触网标称电压为 25kV,变电所出口电压为 27.5kV,如图 2-51 所示。

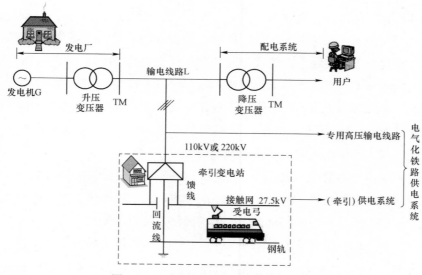

图 2-51 电气化铁路供电系统示意图

牵引变电所、牵引网和电气列车组成了电气化铁路的电力牵引系统,习惯将它们称为电气化铁路的"三大元件"。

电气列车的牵引动力有集中和分散两种配置形式,如图 2-52 所示。动力分散型电气列车称为动车组,具有轴重轻、起动和制动快的特点,世界各国的高速铁路大多采用动力分散方式。但动力分散型电气列车的振动和噪声对车厢内的舒适度有一定影响，且动力设备工作环境差，故障率相对较高；列车只能单元编组，车辆利用率较低。动力集中型的电气列车称为电力机车，它能较好解决动力分散型存在的问题，但又没有动力分散型的优点。

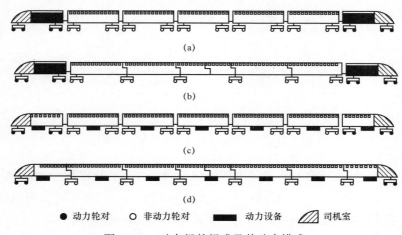

● 动力轮对　　○ 非动力轮对　　▬ 动力设备　　▨ 司机室

图 2-52　动车组的组成及其动力模式

（a）独立式动力集中型；（b）铰接式动力集中型；（c）独立式动力分散型；（d）铰接式动力分散型

（2）城市轨道交通。城市轨道交通为采用轨道结构进行承重和导向的车辆运输系统，依据城市交通总体规划的要求，设置全封闭或部分封闭的专用轨道线路，以列车或单车形式，运送相当规模客流量的公共交通方式。

城轨供电系统有两大部分组成：一部分由城市电网引入的电源；另一部分为内部供电系统，即通常所说的供电系统，包括主变电所、牵引供电系统、供配电系统。城轨供电系统对城市电网是用户，对城轨内部的用电设备是电源，作为城市电网的一个重要用户，一般都直接从城市电网取得电能，无需单独建设电厂。城市电网对城轨供电的电压等级目前国内有 110、63、35kV 和 10kV，20kV 电压也已作为方案被提出，究竟采用哪一种电压等级，由不同城市电网构成的特点和城轨的实际需要而定，其供电系统示意图如图 2-53 所示。

📖4 **工程案例**

（1）高速铁路。根据 2016 年修订的《中长期铁路规划》，为满足快速增长的客运需求，优化拓展区域发展空间，在"四纵四横"高速铁路的基础上，增

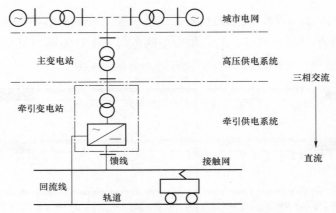

图 2-53 城市轨道交通供电系统示意图

加客流支撑、标准适宜、发展需要的高速铁路，部分利用时速 200km 铁路，形成以"八纵八横"主通道为骨架、区域连接线衔接、城际铁路补充的高速铁路网，实现省会城市高速铁路通达、区际之间高效便捷相连。

因地制宜、科学确定高速铁路建设标准。高速铁路主通道规划新增项目原则采用时速 250km 及以上标准（地形地质及气候条件复杂困难地区可以适当降低），其中沿线人口城镇稠密、经济比较发达、贯通特大城市的铁路可采用时速 350km 标准。区域铁路连接线原则采用时速 250km 及以下标准。城际铁路原则采用时速 200km 及以下标准。

（2）城市轨道交通。2012～2016 年年底，我国拥有地铁运营线路的城市由 17 座增加至 27 座，运营线路里程由 1740km 增长至 3169km。截至 2016 年年底，获准建设城市轨道交通的城市由 2012 年的 35 个增加到 43 个，规划总里程约 8600km。到 2020 年，我国城市轨道交通运营里程或将达到 6000km。

城市轨道交通以其安全、快速、便捷等特征，将受到城市居民的青睐，并逐步替代小汽车、公共汽车等其他城市交通方式。城市轨道交通对其他交通方式的替代，作为一种"绿色交通"形式，可有效降低城市排放、节能降耗，对于城市低碳建设意义重大。

第十四节 港 口 岸 电

☀1 概述

港口岸电又叫船舶岸电，是指船舶在靠港期间采用岸上的电源进行供电。目前，国际上的一些先进港口（如美国洛杉矶港）已经采用陆地电源对靠港船舶供电，这种船舶供电方式就是"岸电技术"。目前，岸基船舶供电有高压上船、低压移动式、低压固定式三种方式，连接工艺成熟，可操作性高，使用成本优于柴油机供电，企业改造积极性高。港口岸电能够彻底解决港口烟气污染和噪声污染问题，并大大低于燃油成本，对供需双方都有利，可以在各大港口广泛推广应用。

2000 年，瑞典哥德堡港首次将靠港船舶使用岸电技术应用到渡船码头上，使靠港船舶污染排放减少了 94%～97%，靠港船舶使用岸电技术逐步受到业界的广泛关注。2001 年，美国朱诺港将岸电技术应用到邮轮码头，2004 年，洛杉矶港将其推广应用到集装箱码头上。2009 年，长滩港突破传统，将岸电技术引用到了油码头上，实现真正意义上的以电代油。

美国的加利福尼亚港口为进一步规范港口系统的运营，规定从 2014 年开始，将逐步强制要求客船、集装箱运输船、冷藏货物运输船等在靠港时必须配备可替换船用电力系统（AMP 系统）。AMP 系统由此在世界范围内得到广泛的推广应用，不仅美国的其他港口在进行安装，欧洲波罗的海沿岸港口、鹿特丹以及地中海的港口等也在开展广泛的调查，要求渡船和巡逻船须配备 AMP 系统。目前，我国的上海港、青岛港、大连港等港口也在开展 AMP 系统路基设备的配套建设。

国内对船舶岸电技术的研究仍然处于起步阶段。2004 年，原交通部颁布的《港口经营管理规定》中指出港口区域内应该为船舶提供岸电等服务，可见绿色生态港口将想着给船舶提供岸电转变。2005 年，上海正式对船舶岸电技术进行专门的立项研究。青岛港招商局码头在对岸电系统进行改造后，将之应用到局内支线的船舶上，有效改善了区域环境。

②2 技术原理

船舶岸电系统也叫"冷铁"系统，是指允许装有特殊设备的船舶再停泊码头时接入岸电电源，船舶不需要使用柴油发电机组，而可以通过岸电系统获得其泵组、通风、照明等其他设施所需的电力，从而减少柴油发电机组排放燃烧颗粒，改善港口空气质量。

根据电压不同，可将岸电系统分为高压岸电系统和低压岸电系统两种。高压岸电系统是指岸电电源输出 6.6kV/11kV 或者以上的系统。高压岸电系统具有操作上的优势，鱼传播链接的电缆数目较少，可以快速完成系统和船舶之间的连接，提供更高的功率以满足传播的需求。工作原理为：当船舶靠港连接上岸电后，调节船舶辅机发电系统所产生的电压、频率和相位，使其与岸电系统保持一致，两个系统并网运行后就可以停止船用辅机；当船舶离开港口时，开启船用辅机，当船上发电系统与岸电电源并网时，即可断开岸电电源。岸电电源的电压和频率均按照船舶电力系统的等级设置，主要在并车过程调节相位和频率，使船舶发电系统与岸电系统达到并车条件。船舶连接岸电框图如图 2－54 所示。

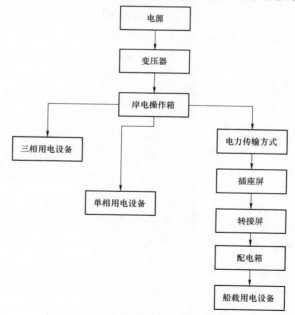

图 2－54　船舶连接岸电框图

　　岸电系统的电力传输方式与码头的传输距离、供电电压、船舶需求电功率有关，在实际应用中，需要根据具体情况选取相应的传输方式。

　　（1）直接连接。船舶和岸电采用相同的电制时，可以通过码头的配电装置对船舶直接供电，这种方式适用于小型船舶且距离较近的输电。

　　（2）驳船电力输送。国际性港口的码头空间有限，而大型船舶在靠港时处于深水区，岸电传输的导线较长并且各种型号的船舶所需求的电压也不相同。因此，将电力变换装置放置在驳船上，利用驳船向靠港船舶供电，达到扩充港口空间、降低传输电缆长度的目的。

　　（3）采用不同的供电电压。在陆地岸电系统和船舶岸电系统所采用的电制不同时，船舶典雅可以分为两类：① 陆地岸电对低压船舶系统进行变频、降压后，通过连接电缆以低压的方式对船舶供电；② 陆地电源对高压大型集装箱船舶进行变频，然后以高压的方式向船舶供电。

　　目前，岸基船舶供电改造的方式有三种：岸电高压上船、低压移动式、低压固定式。基本原理：市电→岸电→供电装置→船电。

　　1）岸电系统主要由岸上供电系统、船载电力系统和岸船连接系统组成。高压岸电电源结构如图 2-55 所示。岸电高压上船可以采用以下四种变电方案。

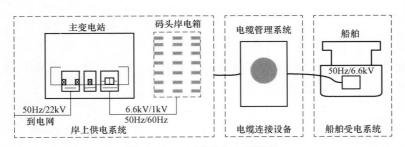

图 2-55　高压岸电电源结构

　　a. 低压船舶、低压变换器。高压岸电电源系统通过二次变压设备把输出的 6.6kV 高压或 11kV 高压变换成船舶所能接受的低压电力。低压船舶、低压变压器原理如图 2-56 所示。

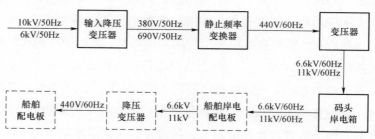

图 2－56　低压船舶、低压变换器原理

b. 高压船舶、低压变换器。船舶上接入的电压为 6.6kV/11kV。岸电电源系统可以直接将电力输送到船舶，而不需要再经过二次变压。高压船舶、低压变换器原理如图 2－57 所示。

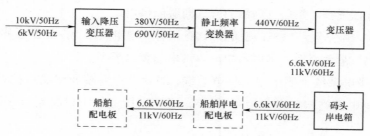

图 2－57　高压船舶、低压变换器原理

c. 低压船舶、高压变换器。变频设备主要是高压静止频率变换器。降压变压器把 6.6kV/11kV 高压进行降压，椅子降至 440V/60Hz。低压船舶、高压变换器原理如图 2－58 所示。

图 2－58　低压船舶、高压变换器原理

d. 高压船舶、高压变换器。变频设备主要采用了高压静止频率变换器。高压船舶、高压变换器原理如图 2-59 所示。

图 2-59 高压船舶、高压岸电原理

2）低压移动式。岸基电源基本参数如下。

输入：高压供电 10kV，频率 50Hz。

输出：440V（低压配电船舶）、6.6kV（高压配电船舶）。

频率：50/60Hz。

容量：≤2000kVA、2500kVA、5000kVA。

a. 高压岸电、低压船舶供电方式。

输出容量：小于等于 2000kVA.

输入电源：三相交流 10kV（波动范围 -15%～10%）。

输入频率：50Hz±1Hz。

输出电压：AC 450V。

输出频率：50/60Hz。

输出方式：9 根带有快速接头的电缆（2000kVA）。

运行再现功能：100h 记录。

主要工作原理：由变压器、正弦波滤波器、变频器和隔离变压器组成工作系统。基本工作原理如图 2-60 所示。

主要电气配置包括主移动舱（以 2000kVA 低压输出岸基电源为例）与副舱。主移动舱包括高压电缆卷筒、输入侧高压开关柜、高压变压器、变频器、正弦波滤波器和隔离变压器；副舱主要是低压电缆卷筒。

b. 高压岸电、低压/高压船舶供电方式。

输出容量：大于 2000kVA。

输入电源：三相交流 10kV（波动范围 -15%～10%）。

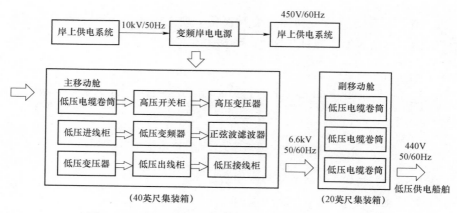

图 2-60 高压岸电、低压船舶供电方式基本工作原理

输入频率：50Hz±1Hz。

输出电压：AC6.6kV/AC450V（可选）。

输出频率：50/60Hz（可任意转换）。

输出方式：9 根带有快速接头的电缆，1 个 6.6kV 插座。

运行再现功能：100h 记录。

主要工作原理：变频器直接输出或者与降压变压器一起输出。基本工作原理如图 2-61 所示。

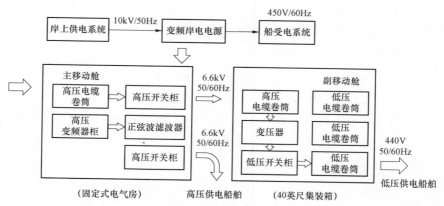

图 2-61 高压岸电、低压/高压船舶供电方式基本工作原理

主要电器配置包括高压主站与副舱，高压主站主要有输入侧高压开关柜、

变频器、输出侧高压开关柜、正弦波滤波器、地下高压插座箱和高压插座；副舱包括降压变压器、高压电缆卷筒、低压电缆卷筒和低压开关柜。

c. 2500kVA 高压、低压输出岸基电源。

输出容量：2500kVA。

输入电源：三相交流 10kV（波动范围 -15%～10%）。

输入频率：50Hz±1Hz。

输出电压：AC 6.6kV/AC 450V。

输出频率：50/60Hz（可任意转换）。

输出方式：9 根带有快速接头的电缆（供给低压船舶），1 个 6.6kV 插座（供给高压船舶）。

组成方式：1 个高压主站（容量为 5000kVA）、1 个副移动舱（容量为 2000kVA）。

d. 5000kVA 高压、低压输出岸基电源。

输出容量：5000kVA。

输入电源：三相交流 10kV（波动范围 -15%～10%）。

输入频率：50Hz±1Hz。

输出电压：AC 6.6kV/AC 450V。

输出频率：50/60Hz（可任意转换）。

输出方式：9 根带有快速接头的电缆（供给低压船舶），1 个 6.6kV 插座（供给高压船舶）。

组成方式：1 个高压主站（容量为 5000kVA）、2 个副移动舱（容量为 2000kVA）。5000kVA 岸基电源同时为两艘低压船舶供电原理如图 2-62 所示。

3）低压固定式。低压固定式岸电主要由交流电抗器、电子开关、整流器、直流电抗器、直流滤波器、三相桥式逆变器、矫正电抗器与逆变电抗器等组成。

典型的岸电技术有高压岸电/低压船舶、低压岸电/低压船舶、高压岸电/高压船舶三种，三种典型岸电供电方式比较见表 2-36 所示。

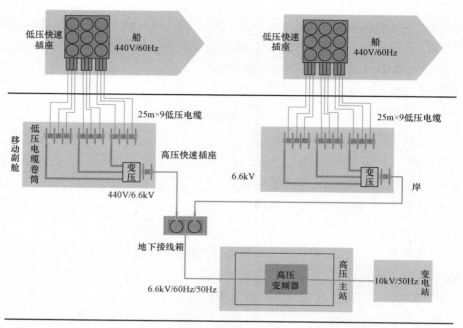

图 2-62　5000kVA 岸基电源同时为两艘低压船舶供电原理

表 2-36　三种典型岸电供电方式比较

项目	低压岸电/低压船舶/60Hz 直供电（洛杉矶港）	高压岸电/低压船舶/50Hz 直供电（哥德堡港）	高压岸电/高压船舶/60Hz 直供电（洛杉矶、 西雅图集装箱码头）
船舶配电电压	440V	400V	6.6kV/11kV
岸电电压	440V	10kV	6.6kV/11kV
岸电功率	2.5MVA	2.5MVA	7.5MVA
港口电网频率	60Hz	50Hz	60Hz
船舶电网频率	60Hz	50Hz	60Hz
岸电接入方式	岸方提供电缆	船方提供电缆	船方提供电缆
空气污染	无	无	无
供电效率	好	好	好
供电操作性	差，多根电缆，连接困难	好，一根电缆，易于操作	好，电缆较少，易于操作
船舶改造复杂性	一般	复杂，对于低压船舶， 需要在船上安装变压器	一般

⑤③ 工程实例

以江苏连云港泊位港口岸电工程为例。

（1）项目概况。替代之前船舶辅机持续运行，排放大量的空气污染物，对周围环境造成了污染，并且使用燃油辅机的运营成本高，使用寿命也受到影响。如果使用电能替代，可减少能源消耗，减少环境污染。通过减少节省燃油费用，港口也可以提供港口岸电服务获得相应报酬；可以节约人力成本，辅机操作的船员不需要 24h 值班。

1）码头概况。江苏连云港 59 号泊位主要供"中韩之星"号客滚船停靠。在港口岸电工程实施前，"中韩之星"靠港时使用辅机发电，用以满足船上对冷藏、空调、加热、通信、照明灯的电力需求。船上有 3 台 880kW 辅机，根据需要启用一台或两台，年靠泊连云港约 2000h，年靠泊期间消耗油料约 780t（重油 624t，轻油 156t）。

2）电价。岸电购入电价按照 0.8 元/kWh 计，船购岸电价格 1.8 元/kWh。

（2）项目技术方案。

1）变压器容量配置。输出电压：一路 6.6kV，隔离变压器输出 400、415、440、690V（可以根据船方不同要求设计）。

2）电力配套容量配置。供电电压等级 10kV，频率 50Hz，项目合同容量 11 600kVA。

（3）项目商业模式及实施流程。

1）项目商业模式：用户自主全资模式。在连云港 59 号泊位港口岸电改造中，岸上设备由连云港港口集团投资，穿上设备由船东投资。

2）项目实施流程：首先做好项目规划和实施方案设计，确认场地、线路通道、设备均已符合要求；其次船舶加装岸电设备需要进行改造，确定变压器安装地点、电源接入船舶母线方式；然后组织高压变频电源系统、高压接线箱和船载岸电设备施工；最后项目竣工验收，正式投入运行。

（4）项目实施项目效果分析。

1）初始投资。项目鞍山设备投资为 500 万元，船上设备投资 200 万元。

2）运行费用。改造前，按照船用重油月 4600 元/t，轻油约 7000 元/t 计算，每年能源费用共计 369 万元。改造后，年用电量 100 万 kWh，每年减少燃油消耗 780t。

3）效益分析。

a. 项目经济效益：岸上设备投资的年收益率为 20%，静态回收期为 5 年；船上设备投资的年收益率为 55%，静态回收期为 2 年。

连云港港口 59 号泊位岸电供我国连云港至韩国平泽港的货船"中韩之星"使用，"中韩之星"轮每周停靠 2 个泊次，每个泊次使用岸上电量约 1 万 kWh，新增电费收入约 80 万元，相较原燃油辅机发电的运行方式节约运行成本约 216 万元。

b. 项目环境效益：改造完成后，减少排放二氧化碳约为 2430t，二氧化硫 62t，氮氧化物 70t，环境效益显著。

港口岸电技术能够满足靠港船舶用电要求，能够安全、稳定运行，具有显著的经济效益和环境效益。政府可以推动和完善相关的政策，进一步完善港口配置靠港船舶使用岸电的设备设施，并提高使用港口岸电设备设施的奖励份额。

第十五节　机场桥载 APU 替代

☀1 概述

近年，全球航空业发展迅速，根据国际航空运输协会（IATA，以下简称"国际航协"）透露，在 2017 年全球将有 GDP 的近 1%，即约 7690 亿美元将支出在航空运输业。国际行协数据显示，2017 年有约 1700 架全新飞机交付使用，使全球商用机队扩充 3.6%，增至 28 700 架；各大航空公司预计将运营 3840 万架航班，比现有水平提升了 4.9%；全球航空客运量可达到近 40 亿人次，货运量可达 5570 万 t。

随着社会经济的飞速发展和人民生活水平的提高，中国的航空业发展极为迅速。1990 年中国民航实现客运量 1660 万人次，旅客周转 230.48 亿人千米，开辟 437 条航线；而到 2016 年，民航客运量为 4.9 亿人次，实现旅客周转 8359.5

亿人公里，总航线达到 3142 条，16 年间年复合增速达到 15%。根据预测，在中国航空旅客周转量增速会保持每年 12%以上的增速（2016 年中国航空旅客周转量增速超过 13%），这个速度是全球航空旅客周转量平均年增速的两倍。1990～2015 年间中国旅客周转量如图 2-63 所示。

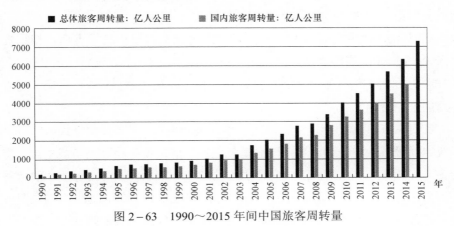

图 2-63　1990～2015 年间中国旅客周转量

高速发展往往带来高污染。随着航班、航线数量的增长，航空燃油的消耗量也在快速上升，飞机运行时排放的尾气对环境的影响也越来越大。在一趟航班起降运营的过程中，为保障飞机电子设备和乘客乘坐环境，飞机在机场停靠时也需要电力驱动自身设备；在传统保障环节，飞机靠机尾处自带的航空器辅助动力装置（英语：Auxiliary Power Unit，缩写 APU，下文简称"APU"）供电。如图 2-64 所示。

图 2-64　空客系列 APU 单元部件及安放位置

APU 本质上是一台燃油发电机，运转时需要消耗燃油。飞机在机场停靠时 APU 工作制造的尾气和噪声，在无任何护滤措施的情况下直接放散至四周环境中；随着国内航班数量增加，跑道及停机坪等基础设施已日趋紧张，再加上航空管制影响，航班延误越来越严重，飞机在机场的停靠时间也越来越长，造成的污染已成为社会关注的焦点。

同时，APU 作为航空器械，其部件有着极为严苛的使用寿命，根据资料显示，一般 APU 部件的使用寿命从几百到上千小时不等，这意味着 APU 系统维护和更换频率与其使用时间直接相关，长时间运转 APU 将不可避免地带来高昂的维护费用。

针对 APU 设备使用问题，可采用地面桥载电源、空调设备替代 APU 使用。一般地面设备主要分为两种：地面车载电源、空调设备和地面桥载电源、空调设备。前一种是将电源机组或空调机组安装在车辆后挂，可自行移动的特种车辆设备；后一种是将电源机组或空调机组固定在机场廊桥，提供近机位服务的特种设备。飞机在到达某机场或者在某机场进行转场飞行的情况下，如果该机场近机位廊桥配备静变电源和空调，则可以使用廊桥设备代替机载 APU；如果廊桥尚未配备相应设备，则可以使用地面电源车和空调车为飞机提供动力保障（远机位通常使用车载设备）。

车载电源可分为两种，它们是电力式发电车和柴油式发电车，均可向飞机提供 400Hz 电能，而空调车通常只有柴油式空调机组，因此，它们的效率相对较低，而且也需要相应的设备维护和维修，同时也有相对较大的噪声和较高的污染物排放，从经济性和节能减排的角度来说，应用地面保障车辆包括柴油发电式电源车和空调车并不是代替机载 APU 的最佳选择。

作为机载 APU 替代的最佳方案，桥载设备主要由桥载电源和桥载空调设备组成，具体系统组成如图 2-65 所示。

使用桥载电源和空调作为登机廊桥的主要辅助设施，依靠电力提供能源，比通过 APU 或车载设备向飞机提供电源、气源和空调等，具有低成本、无噪声、无排放、更安全和更舒适等优点。据测试资料显示，飞机专用空调机组产生的噪声低于 60dB，比各常用机型的飞机运行 APU 及机上空调系统的噪声要低 15dB。使用桥载设备代替 APU，不仅节约 APU 的维护费用，同时延长了

APU 的使用寿命，有效降低航空公司的运行成本。部分机型的单机 APU 运转和桥载设备使用情况能耗对比可如表 2-37 所示。

飞机地面空调　　　　400Hz静变电源系统　　　400Hz电缆卷筒

图 2-65　典型桥载具体系统组成

表 2-37　　　　　单机 APU 运转和桥载设备使用情况能耗对比表

机型	APU 油耗（L/h）	油耗费用（元/h）	桥载设备电耗（kWh/h）	电耗费用（元/h）	费用节约
A320	159.21	477.63	120.27	110.65	76.83%
A330	302.40	907.2	169.73	156.15	82.79%
A380	625.00	1875	259.01	238.29	87.29%
B737	118.48	355.44	100.2	92.18	74.06%
B747	486.84	1460.52	214.4	197.25	86.49%
B777	302.40	907.2	210.81	193.95	78.62%

②应用范围

桥载设备适用于各类机场，根据现场情况及设备型号，可安装在登机桥下侧或地面。登机桥在初期设计交付时，若已考虑后期挂设桥载设备，则在承重能力、受力平衡及安装空间等方面均符合桥载设备要求，桥载设备可直接挂设在登机桥下侧；若登机桥设计不满足桥载设备挂设需求，或针对远机位等无登机桥的情况，可把设备安装在地面。如图 2-66 所示。

图 2-66 桥载设备示意图

⊚3 技术原理

桥载设备的核心是静变电源，静变电源是由 50Hz 三相工频电源通过输入滤波器后，经输入变压器和 12 脉冲整流模块进行整流。经过滤波后的直流电源供给三个交流模块，交流模块逆变器输出幅值可调、低谐波含量的 400Hz、三相交流电源。静变电源还采用了逆变技术，使静变电源具有极好的动态特性和低畸变，保证了即使很大的不平和负载和长电缆情况下也能为飞机提供精确的 400Hz 电压。

⊞4 案例分析

（1）项目背景。四川省某机场现拥有登机桥 5 座，地面机位 6 座，在未来的扩建工程中还要追加 4 座登机桥，停靠的飞机均为 C 类。

（2）项目设计流程。

1）现场勘察。确认现场停机坪数量、停靠飞机数量及型号、廊桥数量及型号。

2）系统设计。为了能够对所有飞机提供电源保障，本系统针对整个停机坪进行布局，这种模式不是点对点的独立供电，而是由多台静变电源、配电箱通过供电电网组成一个综合的机场供电系统，即整个电源系统通过输配电网络的协同工作完成对飞机的供电。如图 2-67 所示。

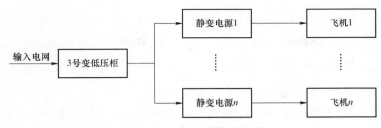

图 2-67　供电系统示意图

静变电源设备接入抵押配电柜的三相 400V/50Hz 电源，实现稳定 400Hz 电源输出。如图 2-68 所示。

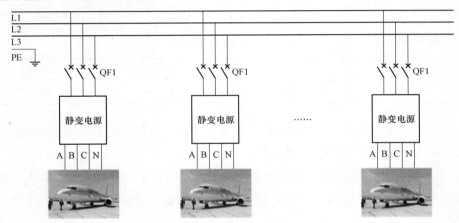

图 2-68　静变电源接入结构示意图

（3）项目经济效益。

1）项目投资。本处按照进口设备价格选型，预计设备投资情况如表 2-38 所示。

表 2-38　　　　　　　　　桥 载 设 备 投 资 表

序号	设备	价格（万元）
1	400Hz 电源	15
2	电缆收放机	15
3	70 冷吨桥载空调	50
4	单桥合计	80
5	总计	400

根据现场实际情况，机场所用桥载设备单套最大功率为 250kW 左右，5 套合计 1250kW。机场内现设有一座 10kV 中心变配电站，站内设两台 10kV/0.4kV 容量为 630kVA 变压器。T1 航站楼内设置一座 10kV 中心变电站，站内设两台 10kV/0.4kV 容量为 630kVA 及两台 1250kVA 变压器。由 10kV 中心变配电站引至航站楼 10kV 变电站采用两路电 10kV 电源，电缆型号为 YJV22－10kV－3X120。T1 航站楼目前最大负荷约 676kW，机场目前最大负荷约为 1213kW。

根据机场电气情况可知，其总变压器容量为 1260kVA，机场最大负荷为 1213kW，故在新增桥载设备后考虑增容。本项目增容投资费用如表 2－39 所示。

表 2－39　　　　　　　　　增 容 投 资 费 用 表

项目	规格	单价	总价（万元）
变压器	630kVA × 2 台	20 万元/台	40

因桥载空调电流较大（约 200A），故需考虑二次侧断路器通断电流承受能力，并为每台桥载机组配备独立配电柜（费用已包含在设备投资表内）。

2）费用收取。根据中国民用航空局发布的《关于印发民用机场收费标准调整方案的通知》精神，桥载设备的可由机场向航空公司协商收取费用；参考上海国际机场 2017 年 4 月公布的《民用机场费用调整方案》文件，桥载设备使用费实行市场调节制。

安装桥载设备后，航空公司因燃油经济性和 APU 设备损耗成本，将十分倾向于使用桥载设备，按国内已实施类似项目的某同级别机场的收费标准和实施情况推算，机场通过桥载设备每年可收取的费用如表 2－40 所示。

表 2－40　　　　　　　　　桥 载 设 备 收 入 表

序号	项　　目	数　　值
1	桥载电源使用费	200 元/架次
2	桥载空调使用费	300 元/架次
3	机场成本	120 元/架次
4	实际收入	340 元/架次

序号	项　目	数　值
5	机场日均停靠架次	80
6	未使用桥载设备概率	30%
7	机场年收入	694.96 万元

3）政策及补贴。根据《民航发展基金征收使用管理暂行办法》（财综〔2012〕17 号）、《民航节能减排专项资金管理暂行办法》（财建［2012］547 号）、《民航节能减排专项资金项目指南（2016－2018 年度）》等政策精神和要求，"机场地面电源/空调设备替代飞机辅助动力装置（APU）运行"类项目可申请民航节能减排专项资金项目补贴，补贴额度约为投资总额的 60%[❶]。如表 2−41 所示。

表 2−41　　　　　　　民航节能减排专项资金项目补贴表

投资额（万元）	补贴比例	补贴金额（万元）
440	60%	264

4）社会效益。在使用桥载设备后，航空公司将可停用机载 APU，同时也减少了停靠时段的航空燃油消耗，降低了燃油燃烧的污染气体排放。根据测算，单机启用桥载设备替代机载 APU 带来的节能减排效果如表 2−42 所示。

表 2−42　　　　　　桥载设备替代机载 APU 节能减排效果示意表[❷]

机型	油耗（L/h）	排放量（g/L）					折算电量（kWh）	对应桥载电源最大负荷（kW）	节能率	排放量（g/L）
		CO_2	CO	SO_2	N_2O	CH				
A320	159.21	2575.7	1.648 2	—	8.120 4	0.160 8	452	230	49%	0
A330	302.40	2575.7	0.072 4	—	11.794 7	0.104 5	859	460	46%	0
A380	625.00	2575.7	6.954 6	—	4.285 3	0.225 1	1775	920	48%	0
B737	118.48	2575.7	11.923 3	0.434 2	3.119 5	0.104 5	336	230	32%	0
B747	486.84	2575.7	13.491 1	—	2.532 6	1.206	1383	460	67%	0
B777	302.40	2575.7	0.072 4	—	11.794 7	0.104 5	859	460	46%	0

❶ 实际补贴比例根据政策和项目实际情况可能有所浮动。

❷ 数据来自天津民航大学测试记录。

5）经济效益。投资回收表见表 2－43。

表 2－43   投 资 回 收 表

项目	投资额（万元）	年收入（万元）	静态投资回收期（年）
桥载设备	400		
增容用变压器	40	694.96	＜1
合计	440		

（4）项目实施效果。本项目属于典型的电能替代技术应用，实施后能大幅减少航班停靠阶段的污染问题。根据项目后期运营收益分析可知，本项目静态回收期不足一年，经济效益极为可观。

对于本类项目，桥载设备的维护是后期运营的关键点，若设备断电则会影响飞机起飞前的数据录入，也降低了客户满意度，故在项目开始前便可与设备供应商沟通后期运维事宜，现场设备较多的机场可要求设备供应商常驻维护队伍，保证设备平稳运行。

第十六节　油气管线电力加压

☀①概述

我国自 1959 年建成新疆克拉玛依至独山子输油管道以来，随着大庆、胜利、四川、华北、中原、青海、塔里木和吐哈等油气田的相继开发建设，油气管道建设事业已取得了令人瞩目的成就。截至目前，我国已初步形成了"北油南运""西油东进""西气东输""海气登陆"的油气输送格局。

在油气资源以管输形式进行远距离输送时，难免出现管输损耗。为弥补损耗，需要增加管输压力以提高输油、输气量。作为动力的提供者，大功率压缩机组就起到了天然气长输管道的"心脏"作用。过去，油气管线加压一般使用燃气压缩机。现在，油气管线加压出现了新技术：电机驱动，利用电网供电替代燃油运输提供动力。

油气管线电力加压主要用于油气输送过程，能够消除柴油机噪声，节省燃料成本，提升生产效率，智能化控制，节能减排效果显著。

✋2 应用范围

主要应用于石油管道压力站。

👆3 技术原理

压气站运行成本占管道运行成本 70%，其中大部分为压缩机组燃料、电力消耗。压气站核心设备是压缩机组，通常为燃气发动机、电机驱动等提供动力。单循环燃气轮机工作效率通常为 20%～30%，其余热量主要以废热烟气形式形成排放，烟气温度可达 400～500℃。燃气轮机与变速电动机的技术性能对比见表 2－44。

表 2－44　　　　　　　　燃气轮机与变速电动机的技术性能对比表

驱动设备	燃气轮机	变速电动机
速度调节范围（%）	50～105	0～100
噪声（dB，距机罩 1m）	≤89	≤83
NO/CO 排放量（mg/m³）	≤0.025/0.020	无
运行可靠性（%）	97.5	99.4
开启到满载时间（min）	15	瞬时
动态制动	无	有

📖4 案例分析

（1）项目背景。陕西境内的西气东输西二线甘陕管理处潼关压气站原来使用的燃气压缩机。

（2）项目设计流程。该压气站压缩机组采用四台套 20MW 级同步电机驱动压缩机组作为压气站的主体设备，变频器采用电压源型驱动方式。

（3）项目实施流程。燃气轮机的输出功率受环境条件的影响，环境温度每升高 10℃，输出功率减少 10%，效率下降 12%，气压每下降 10kPa，输出功率减少 10%；在 1000℃以上发生腐蚀，燃烧器运行约 4 万 h 需要整机更换或返厂大修。

（4）项目经济效益。电驱压缩机设备国产化程度高，配套设施较少、运行维护成本低、节省管道天然气耗气，可把更多的天然气资源向下游输送，节能环保，减少温室气体排放，更符合国家环境保护要求。

（5）项目总结及建议。油气输送管线实施电力加压项目在陕西、甘肃和宁夏等西北地区得到大量的推广应用。

第十七节　燃煤自备电厂、地方电厂替代

① 概述

根据国家发展和改革委员会的统计数据，2016 年全国自备电厂装机容量超过 1.1 亿 kW，约占当年全国总发电装机容量的 8%，锅炉数量约 2000 台。自备电厂主要集中在钢铁、电解铝、石油化工、水泥等高耗能行业，主要分布在资源富集地区和部分经济较发达地区。机组类型以燃煤机组为主，燃煤自备机组占 70%以上。但是自备电厂的建设运营也存在不少问题，如审批环节政出多门，未核先建、批建不符现象较严重；能耗指标、排放水平普遍偏高，与公用机组有较明显差距；运营管理水平偏低，运行可靠性较差；参与电网调峰积极性不高，承担应有的社会责任不够等。针对效率较低和污染较大的燃煤自备电厂、地方电厂，采用网电进行替代，由第三方节能公司以"分表计量、集中打包"方式开展电力市场化交易。

② 应用范围

燃煤自备电厂清洁替代的主要使用领域适用于新能源较为丰富、自备电厂发电成本相对较高的地区。

③ 技术原理

利用水电、风电、光伏发电以及高效火电机组在发电资源丰富时期的低价富余电量，以定向交易的方式，替代企业燃煤自备电厂机组发电。电网企业提供输配服务并收取服务费用。

案例分析

（1）项目背景。江苏海澜之家股份有限公司用电以自备机组发电为主，建有 2 台燃煤机组，总计发电量 1.2 万 kW，年耗煤 13 万 t，按每吨煤 800 元计算，年费用 10 100 万元。

（2）项目设计流程。采用"政府主导、政策支撑、多方参与、合作共赢"的打包交易机制，参与方包括电能替代高压电器客户、第三方节能公司及相关发电企业、电网企业。通过"分表计量、集中打包"，作为一个整体参与直接交易，享受相关政策优惠。

"打包交易"突破了申报流程中的这一瓶颈，切实解决了"散户"参与电能替代用电成本高的问题，提高了客户改造的意愿，同时替代电量作为增量，不扣减发电企业基础电量，也增加了发电企业参与的积极性，对于加快推进电能替代作用明显。

（3）项目实施流程。该公司配套铺设了 10kV 电缆 4 回共计 10.03km，原自发自用部分企业用电量全部由电网供电。

（4）项目经济效益。项目经济效益该项目用户自主全资，项目投资 120 万元，项目年收益 80 万元，年替代电量 5880 万 kWh，年用电成本 4090 万元，静态回收期 1.5 年。

项目社会效益该项目每年可节约 18 816t 标准煤，减少 8279.04t CO_2、376.32t 二氧化硫、139.24t 氮氧化物、3763.2t 碳粉尘的排放。

（5）项目总结及建议。

1）主要优势。

a. 有利于促进清洁能源消纳，提高能源利用效率，促进节能减排；

b. 有利于维护市场公平竞争，实现资源优化配置。

2）主要劣势。

a. 原有燃煤机组的拆除改造工程量较大；

b. "上大压小"政策落实不到位。

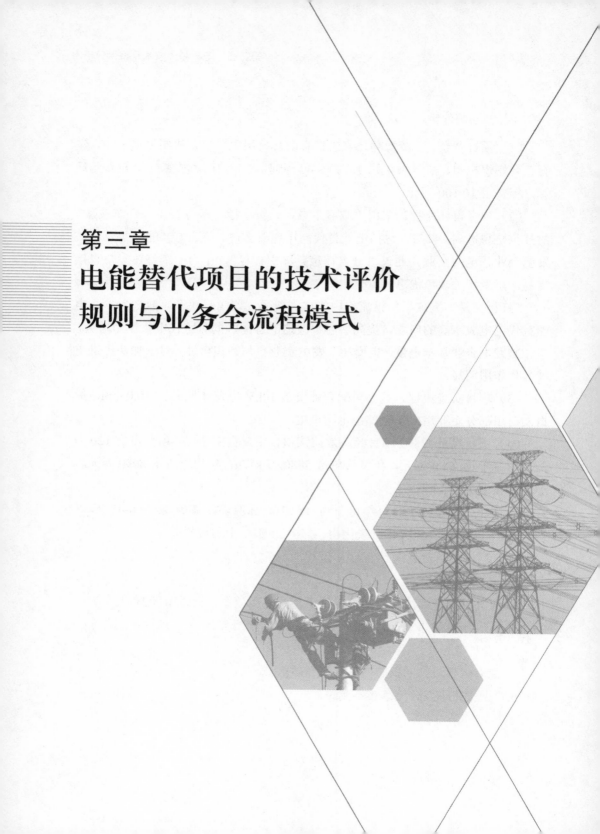

第三章
电能替代项目的技术评价
规则与业务全流程模式

第一节　电能替代项目的技术评价规则

电能替代项目的技术评价规则涵盖替代电量、经济性、环保性三个维度，其中，替代电量评价规则包括直接计量类、参数计算类、统计测算类；经济性评价规则包括费用年值法、净现值法和增量内部收益率法，环保性评价规则包括各类污染物的排放计算。

一、替代电量评价规则

电能替代总电量由直接计量类电量、参数计算类电量和统计测算类电量三部分组成，对于一个具体项目，只能使用其中一种统计方法，优先顺序为直接计量、参数计算和统计测算。电能替代总电量计算方法见式（3-1）。

$$E = \sum_{i=1}^{m} E_{1i} + \sum_{i=1}^{n} E_{2i} + \sum_{i=1}^{l} E_{3i} \qquad （3-1）$$

式中　E——电能替代总电量，kWh：

　　　m——直接计量类项目数量；

　　　E_{1i}——直接计量类电量，kWh；

　　　n——参数计算类项目数量；

　　　E_{2i}——参数计算类电量，kWh；

　　　l——统计测算类项目数量：

　　　E_{3i}——统计测算类电量，kWh。

☀❶ 直接计量类

直接计量类电量分为公司资产表计计量、客户资产表计计量等计量方式，替代电量通过直接抄录表计数计量，计算方法见式（3-2）。

$$E_1 = E_{tj} \qquad （3-2）$$

式中　E_1——直接计量类电量，kWh；

　　　E_{tj}——统计表计考核期内的电量，kWh。

②2 参数计算类

参数计算类主要适用于未装设电能表计的电能替代项目，计算方法见式（3-3）。

$$E_2 = P \times T \times K \tag{3-3}$$

式中　E_2——参数计算类电量，kWh；

　　　P——替代设备铭牌功率，kW；

　　　T——替代设备月（年）运行时间，h；

　　　K——负荷系数。

各类替代项目运行时间 T 和负荷系数 K 受气候、工艺、经营等的影响较大，其取值参见附录 A。

③3 统计测算类

统计测算类主要指家庭电气化项目，其替代电量采用各单位业扩新增居民用户总电量乘以综合负荷系数的方式认定，计算方法见式（3-4）。

$$E_3 = \sum E_{xz} \times \bar{K} \tag{3-4}$$

式中　E_3——统计测算类电量，kWh；

　　　$\sum E_{xz}$——业扩新增居民用户总电量，kWh；

　　　$\bar{K}$——综合负荷系数，取 0.3。

二、经济性评价规则

电能替代项目经济性评价方法应综合考虑项目初投资和运行费用，并根据项目自身特点，选择适当的经济性评价方法，目前一般采用费用年值法、净现值法和增量内部收益率法三种方法。

①1 费用年值法

（1）适用条件。主要依据现行电价政策和燃料价格，对电能替代各项技术与油、天然气等应用技术在相同条件下的费用成本进行分析比较。适用于电能替代项目方案和被替代方案收入或收益相同，尤其是收益难以使用货币量化的情况。

（2）评价步骤。

1）采用费用年值法评价项目经济性按照以下步骤进行。

a. 确定项目收益；

b. 确定项目初投资；

c. 确定项目运行费用；

d. 计算项目费用年值；

e. 评价项目方案；

f. 项目收益的确定。

2）采用费用年值法评价项目经济性时，应确定项目方案具有相同的收益。项目收益包含多种形式，一般包含如下两项。

a. 项目产生相同的现金收入；

b. 项目产生相同数量和质量的产品或服务。

3）项目初投资的确定。项目初投资确定方法如下。

a. 项目初投资应包含项目设备费用、建设费用、安装费用和设计费用；

b. 变配电系统投资是项目初投资的重要部分，其投资数额应视项目具体建设条件而定。对于已有变配电系统能够满足电能替代项目用电需求，不需要新建的项目，变配电系统投资不应列入项目初投资；对于原有变配电系统无法满足新建电能替代项目需求，变配电系统投资应列入项目初投资；对于新建变配电系统在一定时段内供应电能替代项目，其余时段供应其他项目的情况，变配电系统投资应按电能替代项目年耗电量比例分配。

4）项目年运行费用的确定。项目年运行费用确定方法如下。

a. 项目年运行费用包含年能源费用、原料费用、运行维护费用和工人工资。

b. 运行维护费用包含保证项目正常运行的耗材、易损零部件的费用。

项目费用年值计算。项目费用年值是费用年值法的核心指标，由项目年均偿还费用和项目年运行费用两部分组成。项目年均偿还费用是在考虑资金的时间价值基础上，将初投资折算到项目寿命期中每年的费用。项目费用年值包括项目年均偿还费用和项目年运行费用，按式（3-5）～式（3-6）计算，其中项目年均偿还费用按式计算。

$$AC = U + C \qquad\qquad (3-5)$$

$$U = I \frac{i(1+i)^n}{(1+i)^n - 1} \qquad\qquad (3-6)$$

式中　　AC——费用年值，万元/年；

　　　　U——项目年均偿还费用，万元；

　　　　C——项目年运行费用，万元；

　　　　I——项目初投资，万元；

　　　　i——社会折现率，%；

　　　　n——项目寿命期，年。

（3）方案评价。方案评价主要是对比两个项目方案的费用年值，方法如下：

当电能替代方案的费用年值大于被替代方案，则该方案不具有经济性；

当电能替代方案的费用年值小于被替代方案，则该方案具有经济性；

当电能替代方案的费用年值等于被替代方案，则两方案经济性相当。

a. 计算方法。临界电价用于定量分析电能替代项目方案与被替代项目方案经济性的差异，其计算方法如下：

分别计算电能替代项目方案与被替代项目方案的费用年值；

假设电能替代项目方案与被替代项目方案的费用年值相等，在保持电能替代项目年均偿还费用和项目耗电量不变的情况下反算出一个电价，即为临界电价。

b. 评价结论。计算出临界电价后，应当用临界电价与实际电价进行比较评价，评价方法如下：实际电价低于临界电价，则电能替代方案具有经济性，低于临界电价越多表明电能替代方案经济性越好；实际电价高于临界电价，则电量替代方案不具有经济性，高于临界电价越多表明电能替代方案的经济性越差；实际电价等于临界电价，则电能替代方案与被替代方案相当。

部分电能替代项目施行"峰谷平电价"，用于对比临界电价的实际电价应采用平均电价，平均电价按式（3-7）计算：

$$j_{av} = \frac{W}{D} \qquad\qquad (3-7)$$

式中　　j_{av}——平均电价，元/kWh；

W——项目年电费，元；

D——项目年消耗电量，kWh。

2 净现值法

（1）适用条件。适用于电能替代和被替代方案的项目寿命期相同的比选，若使用寿命不相等，若寿命期不相等，应按最小公倍数法转换为相同寿命期后再比较。

（2）计算方法。净现值与项目每年的净现金流、基准收益率和项目寿命期相关，按式（3-8）计算

$$NPV = \sum_{t=0}^{n} (CI - CO)_t (1 + i_c)^{-t} \qquad （3-8）$$

式中　NPV——净现值，万元；

CI——现金流入值，万元；

CO——现金流出值，万元；

$(CI - CO)_t$——第 t 年的净现金流量，万元；

n——项目寿命期，年；

i_c——基准收益率，%。

（3）方案评价。项目方案评价步骤如下：判断净现值是否大于零，当 $NPV > 0$，项目方案可以盈利；当 $NPV < 0$，项目方案不能盈利；如果两种方案的净现值均大于零，则进一步比较净现值数值：当电能替代方案的净现值大于被替代方案，则电能替代方案具有经济性；当电能替代方案的净现值等于被替代方案，则两方案经济性相当；当电能替代方案的净现值小于被替代方案，则电能替代方案不具有经济性。

3 增量内部收益率法

（1）适用条件。适用于电能替代和被替代方案的项目寿命期相同的比选，若使用寿命不相等，应按最小公倍数法转换为相同寿命期后再比较。

（2）计算步骤。计算步骤如下：将电能替代项目方案和被替代方案按投资额由小到大次排列；计算各备选方案的内部收益率，分别与基准收益率比较，

将内部收益率小于基准收益率的方案淘汰；将内部收益率大于基准收益率的方案依次形成增量投资方案；计算相邻两个方案的增量内部收益率，由此得到最优方案。

（3）内部收益率计算。内部收益率与项目现金流以及寿命期相关，按式（3-9）计算

$$\sum_{t=0}^{n}(CI-CO)_t(1+IRR)^{-t}=0 \qquad (3-9)$$

式中　IRR——内部收益率，%；

　　　　n——项目寿命期，年。

（4）增量内部收益率计算。增量内部收益率代表所增加投资的盈利能力，是投资的边际效益，按式（3-10）计算

$$\sum_{t=0}^{n}\left[(CI-CO)_2-(CI-CO)_1\right]_t(1+\Delta IRR)^{-t}=0 \qquad (3-10)$$

式中　$(CI-CO)_2$——投资金额大的方案的净现金流量，万元；

　　　　$(CI-CO)_1$——投资金额小的方案的净现金流量，万元；

　　　　ΔIRR——增量内部收益率；

　　　　n——项目寿命期，年。

（5）方案评价。方案评价方法如下：

1）首先确定基准收益率，将项目方案内部收益率与基准收益率对比，若方案内部收益率小于基准收益率，则淘汰该方案；

2）将剩余方案按投资额由小到大依次排列，相邻两方案依次形成增量投资方案，计算增量内部收益率。当增量内部收益率大于基准收益率时，则投资金额大的方案经济性较好；当增量内部收益率小于基准收益率时，投资金额小的方案经济性较好。

三、环保性评价规则

电能替代环保评级规则：首先根据当地的煤耗情况，折算出减少直燃煤使用量，再根据当地的排放因子，得出减排二氧化碳、二氧化硫、氮氧化物、烟尘的量。

💡❶ **减少直燃煤使用量**

$$G_{j-m} = E_t b \times 10^{-3} / \tau \quad\quad (3-11)$$

式中 G_j——减少直燃煤使用量，t；

       E_t——替代电量，kWh；

       b——当地煤耗量，kg/kWh；

       τ——原煤折标系数，一般为 0.714 3，kg/kg 标煤。

👆❷ **SO_2 减排量**

$$G_{j-co_2} = G_{j-m} \tau \varepsilon_{co_2} \quad\quad (3-12)$$

式中 G_{j-co_2}——二氧化碳减排量，t；

       ε_{co_2}——二氧化碳排放因子，kg/kg 标煤。

👆❸ **减少 SO_2 排放量**

$$G_{j-so_2} = G_{j-m} \tau \varepsilon_{so_2} \quad\quad (3-13)$$

式中 G_{j-so_2}——二氧化硫减排量，t；

       ε_{so_2}——二氧化硫排放因子，kg/kg 标煤。

📊❹ **氮氧化物减排量**

$$G_{j-NO_x} = G_{j-m} \tau \varepsilon_{NO_x} \quad\quad (3-14)$$

式中 G_{j-so_2}——氮氧化物减排量，t；

       ε_{so_2}——氮氧化物排放因子，kg/kg 标煤；

⏱❺ **粉尘减排量**

$$G_{j-yz} = G_{j-m} \tau \varepsilon_{yz} \quad\quad (3-15)$$

式中 G_{j-so_2}——烟尘减排量，t；

       ε_{so_2}——烟尘排放因子，kg/kg 标煤。

辅助材料要求如下。

（1）直接计量类。直接计量类替代项目应提供以下辅证材料。

1）项目名称；

2）所属用户编号；

3）所属计量表计编号及准确度等级（含互感器倍率）；

4）设备额定功率；

5）投运时间；

6）替代类型。

（2）参数计算类。参数计算类替代项目应提供以下辅证材料。

1）项目名称；

2）所属用户编号；

3）设备额定功率；

4）投运时间；

5）替代类型；

6）替代项目证明。

（3）统计测算类。统计测算类替代项目应提供以下辅证材料。

1）项目名称；

2）所属用户编号；

3）投运时间；

4）替代类型；

5）上一季度分类售电量。

四、条文说明

本文中通过直接计量方式对燃煤自备电厂改用网电项目电能替代电量认定时，需要根据历史上网电量核定一基准值，该值和每个月实际上网电量之差作为认定网供替代电量。由于政府强制关停、或企业设备检修、减产等原因导致的不予认定。

本文中综合负荷系数 $\bar{K}$ 取值考虑到家庭电气化中电热水器、电炊具、电动车、电采暖等电能替代的类型的容量及运行时间占比，统一取 0.3。另外，家庭电气化统计范围内的家用电采暖、电动自行车、电炊具、家庭电制茶/电烤烟等替代电量不得再统计到参数计量类各单项替代技术中。

本书附录 A 中，各类技术相关参数取值说明如下：

1. 电锅炉

电锅炉是指新项目建成或进行替代后，电锅炉本体（不包含辅助设备）在统计期内所消耗的电量；电锅炉电量按用电类别、所在地区供热时间分别测算运行时间 T，采暖锅炉参见本书附录 B，工业锅炉根据实际运行班次确定，如三班次可取 5000h；直热式电锅炉负荷系数 K 一般取 0.6，电蓄热锅炉负荷系数 K 一般取 0.8。

2. 电窑炉

电窑炉电量根据行业生产特性测算月运行小时数 T，如三班次可取 5000h，考虑到电窑炉存在加热和保温过程，以及检修时间，且一般电窑炉均存在超负荷运行，负荷系数 K 一般取 0.7。

3. 热泵

热泵技术应根据所属地区的季节平均气温估算热泵系统供热制冷总运行时间 T，参见本书附录 B，负荷系数 K 一般取 0.7。

4. 电蓄冷

电蓄冷应根据所属地区的季节平均气温测算蓄冷系统运行天数及低谷分时电价时间，测定系统年均利用小时数 T，参见附录 B，负荷系数 K 一般取 0.8。

5. 分散电采暖

分散电采暖包括采用分体电空调、碳晶、发热电缆、电热膜等技术采暖的非家庭用替代项目，仅统计商业、学校等非居民电采暖设备，运行时间 T 根据按用电类别、所在地区供热时间进行测算，可参见本书附录 B，分体电空调和有温控的其他设备，负荷系数 K 一般取 0.6，无温控设备取 1.0。

6. 商用电炊具

商用电炊具根据学校、机关、宾馆、酒店等不同应用场所和蒸煮类、爆炒类、保温类等不同应用类型测算运行时间和负荷系数；一般地，日运行时间 T 可按 5h 计，负荷系数 K 取 0.8。

7. 电制茶/电烤烟

电制茶/电烤烟中容量较大的非居民用电的部分，可根据不同地区和不同茶或烟类型测算年运行时间和负荷系数 K；日运行时间 T 一般可按 8h/天计，运行月份根据不同地区自行设定，负荷系数 K 取 0.5。

8. 农业电排灌

农业电排灌根据不同地区灌溉情况测算年运行时间和负荷系数；日运行时间 T 一般可按 8h 计，运行月份根据不同地区自行设定，负荷系数 K 取 1.0。

9. 油田电钻机

油田电钻机按实际运行特性测算运行时间，日运行时间一般可按 8h 计，运行月份根据不同地区自行设定，负荷系数 K 取 1.0。

10. 油气管线电力加压站

油气管线电力加压站按实际运行特性测算，年运行时间可取 8000h，考虑这类项目一般根据压力需要自动开停，负荷系数 K 取 0.3。

11. 龙门吊

港口岸电工程中桥吊用电属于间歇性工作，各港口规模不一，吞吐量也存在差异，日运行时间可统一按 8h 计，负荷系数 K 统一取 0.3。

12. 港口岸电

港口岸电根据港口吞吐量、靠港停泊时间估算，平均日运行时间可按 8h 计，负荷系数 K 取 0.8。

13. 岸电入海

岸电入海即通过利用陆地变电设施援电入海为海上油气平台提供电力供应。年平均运行小时数可按 5000h 计，负荷系数 K 取 0.8。

14. 机场桥载电源替代机舱辅助动力

机场桥载电源替代机舱辅助动力装置根据航空港口吞吐量、飞机靠港停泊时间估算相关参数，日平均运行时间 T 统一取 10h，负荷系数 K 统一取 0.7。

第二节　电能替代项目业务全流程模式

电能替代项目业务全流程包括潜力挖掘、项目实施、评价推广三部分，其中潜力挖掘包括理论潜力测算、可行潜力测算、确定优选领域、现场调研收资、确定优选项目、遴选潜力项目、建立潜力项目库；项目实施包括确定项目实施意向、获取比较电能替代方案、明确电能替代方案需求、电能替代项目招标、电能替代厂商和方案的确定、电能替代项目实施；评价推广包括运行数据统计分析、项目后评估、典型项目实施经验提炼、典型项目宣传与经验推广。具体流程如图 3-1 所示。

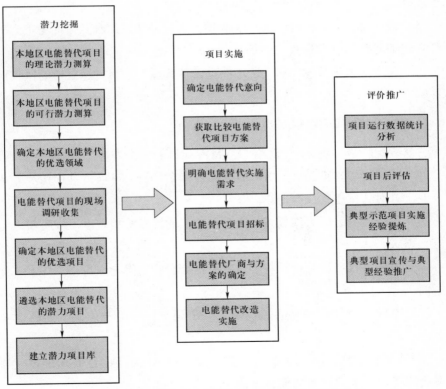

图 3-1　电能替代项目潜力挖掘、实施与评价全流程

☼❶ 电能替代项目潜力挖掘

（1）理论潜力测算：根据本地区统计年鉴，统计当地的燃煤、燃油、燃气消耗量等能源，进行本地区电能替代项目的理论潜力测算。

（2）可行潜力测算：结合相关五规划，综合考虑业主改造意愿技术实施难度、经济、环保要求等，进行本地区电能替代项目的可行潜力测算。

（3）确定优选领域：根据本地区电能替代项目的理论潜力和可行潜力，确定本地区的优选领域。

（4）现场调研收资：针对优选领域，对企业、用户进行现场走访，收资调研，获取能够进行电能替代的项目。

（5）确定优选项目：考虑业主改造意愿、技术实施难度、经济可行性、环保要求等，获取电能替代项目优选项目。

（6）遴选潜力项目：进一步对优选项目进行遴选，综合各方面考虑，确定项目实施年度计划以及资金安排等。

（7）建立潜力项目库：基于遴选的电能替代潜力项目，建立电能替代潜力项目库。

☝❷ 电能替代项目实施

（1）确定项目实施意向：对潜力项目库项目的业主方，进行实施意向确认。

（2）获取比较电能替代方案：联系国内知名厂商，对项目进行初步方案设计，业主方对方案进行比较分析。

（3）明确电能替代方案需求：通过对方案的比较分析，进一步明晰电能替代方案需求。

（4）电能替代项目招标：业主方发出招标公告，优选出价格、技术有优势的厂商。

（5）电能替代厂商和方案的确定：厂商确定后，进一步确认产品、实施方案。

（6）电能替代项目实施：根据业主方提供的施工现场，进行电能替代项目的现场施工，试运行以及后期运维。

◉❸ 电能替代项目评价与推广

（1）运行数据统计分析：当电能替代项目稳定运行后，进行运行数据的采集、统计与分析。

（2）项目后评估：综合考虑电能替代项目的运行情况、经济效益、社会效益等，对项目进行后评估。

（3）典型项目实施经验提炼：选取运行情况较好的项目，进行典型项目的实施经验的总结与提炼。

（4）典型项目宣传与经验推广：提炼项目实施和运行过程中的优秀经验形成典型示范工程，进一步宣传推广。

一、电能替代潜力挖掘

◉❶ 区域电能替代项目潜力挖掘

（1）整体策划。组建地方政府、电网公司、节能公司、第三方服务机构多方参与的电能替代潜力挖掘工作小组，制定工作方案，明确职责、任务、措施、进度要求。

（2）政策市场分析。对本地现有与电能替代业务相关的政策进行梳理和分析，明确各个政策的发文部门、发文时间及适用范围，以及与电能替代项目的契合点。结合本地实际，深入开展分地域、分领域、分行业的替代潜力调查，密切跟踪市场变化和产业行业发展，开展市场调研，细分市场需求。

（3）潜力项目挖掘。根据本地区建筑、工业、交通、农业、家居生活等领域的用能现状，全面厘清企业能源使用情况，包括能源消费总量、能源结构、能源强度、配电系统、负荷特性、重点用能设备运行情况等。结合统计年鉴，进行电能替代技术的适应性分析，潜力项目挖掘与测算，确定电能替代重点业务方向，并建立重点项目库。

（4）重点潜力项目现场遴选。针对电能替代潜力项目，前期编制下发收资调研表格，获取收资数据，进行潜力分析，梳理出当地重点潜力方向，然后安排工作人员采用现场勘查、会议座谈等方式开展现场遴选，确定本地电能替代重点业务方向，建立重点项目库。便于营销业务人员进行项目开拓实施。

（5）项目投资分析。根据本地区实际的设备价格、建设投资、业扩报装费用等，进行投资需求分析；选取项目成本收益、内部收益率、节能减排、电气化水平等指标，对重点潜力项目及匹配电网业扩进行投资需求分析与效益分析，主要包括经济效益分析和社会效益分析等，为项目的有序实施提供参考。

（6）项目建设运营模式分析。根据本地区电能替代项目特点，分析适合当地的电能替代项目建设、运营模式，对合同能源管理（EMC）、工程总包（EPC）、建设经营移交（BT、BOT、PPP）、融资租赁、能源托管等商业模式进行分析，确定电能替代项目建设、运营的商业模式，包括项目实施主体、资金来源、推进模式和措施，引导社会力量积极参与，发挥市场在资源配置中的促进作用。

（7）政策需求分析。根据本地区电能替代重点业务发展方向以及业务开展模式，梳理分析现有与当地电能替代相关的产业政策、环保政策、经济政策、法律法规等分析项目实施过程中电价、补贴、环保等政策方面的不足之处，明晰政策需求，积极争取政策扶持。

✌2 行业电能替代项目潜力挖掘

（1）电能替代整体情况摸底。对本地电能替代情况与电能替代业务相关的政策进行梳理分析，获取当地电能替代重点领域和政策现状。

（2）电能替代典型行业或典型技术遴选。根据本地区电能替代情况，进行替代潜力、技术可行性、经济效益等方面的对比分析，遴选本地区典型特色行业或主要电能替代技术。

（3）典型行业或典型技术替代潜力分析。获取典型行业或典型技术后，进行现场调研，分析其工艺流程，替代潜力环节，设定测算方法，进行潜力项目挖掘与测算，确定替代潜力和环保潜力。

（4）典型行业替代技术优选。针对典型行业的工艺流程和替代环节，选定不同的替代技术，进行替代适用性、经济效益、环保效益、替代优劣势等角度的全面分析，优选出典型行业的适用替代技术。

（5）推进措施和政策建议。根据本地区典型行业电能替代重点项目情况以及业务开展模式，提出具体的推进措施，分析项目实施过程中电价、补贴、环保等政策方面的不足之处，积极争取政策扶持。

（6）重点潜力项目库。根据地市公司选定典型行业的特点，制定重点潜力项目收资表，获取项目数据，进行项目潜力测算和项目遴选，建立重点潜力项目库。

二、电能替代项目实施

☀1 参与部门

工作体系涉及网省电力公司营销部、网省节能服务公司、各地市电力公司营销部。

🖐2 职责分工

省电力公司营销部：负责下达电能替代重点实施领域，部署年度工作目标任务及工作要求，定期组织技术研究，制定标准。对口省级政府，争取法规、政策，并推动实施。负责电能替代考核及各单位评价工作。

省节能公司：负责为省、市公司营销部潜力项目挖掘、能效诊断、替代方案等工作提供总体技术支撑。负责开展项目现场勘查、项目分析筛选、示范项目实施、外部资源整合及商业模式创新，以电能替代项目周跟踪表为主线，负责省内电能替代宣传推广机制建立。

市公司营销部：负责根据电能替代重点领域和重点任务分工定期上报潜力项目，滚动更新储备库。负责配合示范项目执行过程跟踪。负责对口地市政府争取政策支持。

👆3 项目实施

（1）工作主线。项目实施过程采取项目经理责任制。项目经理由节能公司人员担任，按市分区划分。项目经理负责项目的全过程管控，滚动更新项目进展情况。

根据项目所处阶段，可分为跟踪项目、潜力项目、替代项目。

跟踪项目：通过信息收集，由项目经理和各市公司专责确认录入电能替代项目周跟踪表的项目，并具体进行跟踪管理，称为跟踪项目。

潜力项目：已签署合同，并由市公司上报至电能替代服务管理平台潜力项目库的项目，称为潜力项目。

替代项目：已通过验收并投运的项目，由市公司审核确认，在电能替代服务管理平台列入替代项目库，称为替代项目。

对跟踪项目、潜力项目，由项目经理主导、市公司营销部配合，每周填写电能替代项目周跟踪表，将关键节点与项目进展情况统一进行梳理，由节能公司汇总，上报至省公司营销部。

对替代项目，自投运起，由市公司营销部进行管理，负责其替代电量统计工作。

针对上述所有项目，其进度均可分为信息收集、项目遴选、方案编制、项目建设四个环节，工作主线流程如图3-2所示。

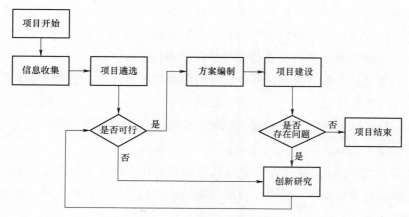

图3-2　工作主线流程图

（2）信息收集。结合已下发的电能替代目标任务分解及重点工作要求，由市公司通过营销用电信息系统数据分析、市场调查、业扩报装、用电检查、营业普查，客户通过福建电力"节能与电能替代综合服务平台"申请、大客户经理引导用户申报等途径，对本地区的重点领域电能替代项目优先进行信息收集。

节能服务公司在各区域重点领域电能替代信息收集基础上，在全省范围内通过产业联盟及外部渠道获取项目信息。

根据项目信息中公司作为实施主体的不同，将项目信息基本梳理为两类：

公司主导型和社会主导型。

对于公司主导型项目，由市电力公司营销部在内网系统发起电能替代业务受理，节能公司选派项目经理，进入跟踪项目库，开展后续工作。

对于社会自主型项目，根据其具体情况，由节能公司选择合适时机介入，并由市公司营销部纳入潜力项目，上报至电能替代管理服务平台。如图 3-3 所示。

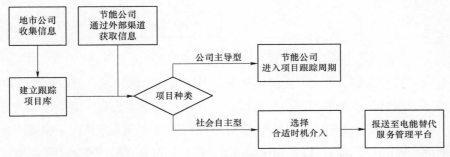

图 3-3　信息收集环节流程图

（3）项目遴选。对进入跟踪项目库中的项目，由市公司营销人员在内网系统发起勘查派工申请，节能公司收到申请后，调动外部资源，由项目经理、技术专家组、外部供应商组成调研团队，开展项目现场调研。现场调研结束后，编写调研报告。

调研报告从技术可行性分析，经济效益分析、风险评估、商业模式建议等方面对项目进行评价。

节能公司根据调研报告，进行项目遴选。对具有可行性的项目，进入项目方案编制阶段，由项目经理进行跟踪。

对因技术或经济原因造成的不具备可行性的情况，根据其所属电能替代领域类别，由节能公司、技术专家组分类梳理，纳入项目创新研究。

对因业主方主观原因造成的不具备可行性的情况，由市公司营销部对项目继续进行跟踪，继续列入跟踪项目库，持续反馈至项目经理处。

项目经理对所有进入遴选阶段的项目逐个列写电能替代项目信息反馈表，主要对项目是否通过遴选及原因予以说明，反馈至市公司营销部处，市公司营销部根据情况反馈单，持续改进项目信息收集策略。如图 3-4 所示。

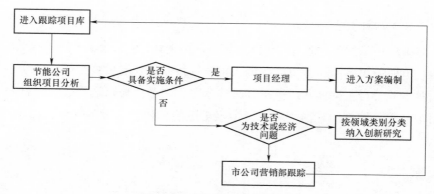

图 3-4　项目遴选环节流程图

（4）方案编制。进入方案编制环节，根据项目具体情况，由省节能公司组织技术专家组，联合外部优质供应商、社会化节能服务公司，共同编制方案。

在省节能公司主导示范项目开展时，对经济效益不明显的情况，尝试商业模式创新，包括融资租赁，PPP 合作模式等。同时，对有优势的外部供应商和节能服务公司，可适当扩大其参与度，如参与承担项目施工、运维或共同投资等。

省节能公司在编制方案时，结合具体情况，也可采取以成熟技术、示范成果形成标准化项目开展模式，带动客户、外部团队推广实施的策略。

为确保储备项目转化率，方案编制完成后，提交至业主方，并签订合同后，跟踪项目方能转为潜力项目，由市公司营销部提交至电能服务管理平台。如图 3-5 所示。

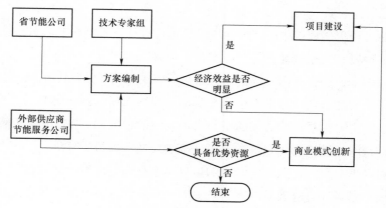

图 3-5　方案编制环节流程图

（5）项目建设。项目建设环节包括配套电网建设、业扩报装服务、试点示范项目建设、替代电量认定四个部分。如图 3-6 所示。

市电力公司营销部对口基建或技改，统筹安排建设资金与进度，保证配套电网与客户替代工程同步实施、同步送电，满足电能替代市场拓展要求。负责提供电能替代业扩报装绿色通道，提高报装效率。负责利用营销专项等投资渠道建设系统内电能替代示范项目。

节能公司以综合服务模式参与配套电网投资建设，自主投资或利用外部资源投资建设示范效果好、经济效益佳的客户电能替代项目。

节能公司指派的项目经理对项目进度出现卡壳时及时协调，并将发现的问题上报技术专家组进行研究。对于暂时无法解决的困难，纳入创新研究。

电能替代项目竣工验收时，市公司营销部人员参与用户内部工程验收，负责核实电能替代设备安装情况，确保电能替代设备同步投运。项目送电后，市公司营销部负责对电能替代项目相关资料进行归档，在电能替代服务管理平台上予以确认，转为替代项目。

市公司营销部负责统计替代项目替代电量，对可直接计量类的项目，通过人工抄表或用电信息采集系统采集统计。对不可直接计量类的项目，由技术专家组进行电量计算并提报。

市公司营销部每月将电能替代项目电量的统计报送至省电力公司营销部汇总后，上报国网营销部。项目建设环节流程如图 3-6 所示。

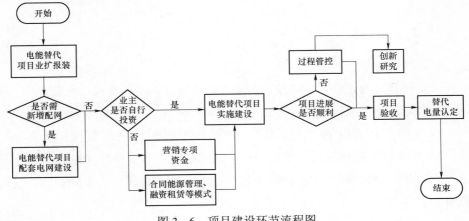

图 3-6　项目建设环节流程图

三、电能替代项目评价

国家电网公司全面实施电能替代战略，目前已经进入快速发展阶段。各个网省公司积极制定电能替代实施方案，大力推进电能替代项目，对项目进行技术、经济可行性分析后，在不同电能替代领域遴选出大量的项目实施，项目建成运营后的社会效益、经济效益、运行持续性等需要进一步确认，目前缺少全面、有效的评价方法，需要建立适用于电能替代项目的评价指标和评价体系，进而实现电能替代项目的多维度评价，提出后续改进措施和建设性意见，促进公司电能替代的进一步发展。

💡❶ 评价原则

（1）公平公正、真实准确。项目材料要确保有据可查，严禁弄虚作假；评价工作采取公开集中评定的方式，对各单位上报材料进行定性评价、定量评比，确保项目资料真实准确、过程公开透明、评价结果公平公正。

（2）技术先进、经济合理。工程要采用先进的电能替代技术，通过工程建设推动电能替代技术标准化、规范化、规模化发展；要通过创新商业模式、积极争取政策支持，提升电能替代技术的经济性，保障电能替代可持续发展。

（3）典型示范、易于推广。工程要结合地域产业特点，因地制宜探索多种替代技术的综合应用，在当地形成辐射带动作用；要形成示范工程建设经验，建立可复制的典型模式，推动同类替代技术的广泛应用。

👆❷ 评价指标

（1）评价指标

评价指标分为建设管控、技术创新、经济效益、商业模式、政策支持、项目影响力等6个一级指标。其中：

1）建设管控指标包括项目投运、潜力项目转化等2个二级指标；

2）技术创新指标包括技术先进性、技术推广性等2个二级指标；

3）经济效益指标包括单位投资替代电量及减排效果、投资回收期、设备利用率、促进清洁能源消纳等4个二级指标；

4）商业模式指标包括运营模式、带动产业聚集替代等2个二级指标；

5）政策支持指标包括政策应用、政策引领等 2 个二级指标；

6）项目影响力指标包括媒体宣传 1 个二级指标。

（2）评价指标中凡属可统计、核实的量化指标，以正式签订的合同、竣工验收报告等为依据；工程替代电量等数据以电能服务管理平台相关数据为准。

🌀 3　评价公式

标准及评价公式见表 3-1。

表 3-1　　　　　　　　　　　标准及评价公式（标准）

序号	一级指标	二级指标	分数	评价公式（标准）	说明
1	建设管控（8）	项目投运（定性指标）	4	项目是否按期投运	评价标准： 是，得 4 分；否，得 0 分
		潜力项目转化（定性指标）	4	是否由电能服务管理平台电能替代潜力项目转化	评价标准： 是，得 4 分；否，得 0 分
2	技术创新（8）	技术先进性（定性指标）	4	1. 是否在新领域拓展； 2. 是否为首次应用； 3. 是否采用了多种技术	评价标准： 由专家组综合评价 1. 在新领域拓展（0～2 分）； 2. 首次应用（0～1 分）； 3. 采用了多种技术（0～1 分）
2	技术创新（8）	技术推广性（定性指标）	4	1. 是否为成熟技术； 2. 是否能大范围推广（全国、省内）	评价标准： 由专家组综合评价 1. 为成熟技术（0～2 分） 2. 能大范围推广（全国、省内）（0～2 分）
3	经济效益（10）	单位投资替代电量及减排效果（定量指标）	4	单位投资替代电量＝年（周期）替代电量/总投资额	评价标准： 1. 按单位投资替代电量对项目进行序贯排列，排名第一位者，得 4 分，其他得分按排名依次递减，递减值＝4/项目数，得分为负数者，计为 0 分。 2. 评分结果若有余数，保留 2 位小数
		投资回收期（定量指标）	3	静态回收期＝总投资/年净收	年净收需综合考虑政府补贴等优惠政策影响因素 评价标准： 静态回收期 3 年及以内，得 3 分 静态回收期 3 年到 5 年（含），得 2 分 静态回收期 5 年到 8 年（含），得 1 分 静态回收期 8 年以上，不得分

续表

序号	一级指标	二级指标	分数	评价公式（标准）	说明
3	经济效益（10）	设备利用率（定量指标）	2	设备月利用率＝月均替代电量/（设备额定容量合计×720）×100%	评价标准： 1. 按设备月利用率对项目进行降序排列，排名第一位者，得2分，其他得分按排名依次递减，递减值＝2/项目数，得分为负数者，计为0分。 2. 评分结果若有余数，保留2位小数
		促进清洁能源消纳（定性指标）	1	是否消纳清洁能源	有交易协议等证明材料 评价标准： 是，得1分；否，得0分
4	商业模式（4）	运营模式（定性指标）	2	1. 是否建立了可复制、可推广、可持续发展的商业新模式； 2. 是否采用了能源托管、设备代维护、合同能源管理等商业模式	评价标准： 1. 建立了可复制、可推广、可持续发展的商业新模式，得1分； 2. 采用了能源托管、设备代维护、合同能源管理等商业模式，得1分
		带动产业聚集替代（定性指标）	2	是否在示范项目周边地区（一个地市内）带动10个及以上同行业企业实施替代	评价标准： 是，得2分；否，得0分
5	政策支持（6）	政策应用（定性指标）	3	1. 是否应用省级以上政策； 2. 是否应用地市及以下政策	评价标准： 1. 应用省级以上政策，得3分； 2. 应用地市及以下政策，得2分
		政策引领（定性指标）	3	1. 是否新争取到地市级及以上的补贴等支持政策； 2. 是否争取到省级以上政府出台纪要或领导批示	评价标准： 1. 新争取到地市级及以上的补贴等支持政策，得3分； 2. 争取到省级以上政府出台纪要或领导批示，得2分
6	项目影响力（4）	媒体宣传（定性指标）	4	1. 是否在中央及国家主要媒体进行宣传； 2. 是否省级及国网公司内部媒体进行宣传； 3. 是否地方媒体进行宣传	评价标准： 1. 中央及国家主要媒体进行宣传，得4分； 2. 省级及国网公司内部媒体进行宣传，得3分； 3. 地方媒体进行宣传，得2分

图4 评价范围

（1）电能替代项目可以是公司主导推动、公司带动推广或社会自主实施的电能替代项目。

（2）项目应为当年或前一年竣工投运并产生电量的电能替代项目，且该工程至少使用了一种公司认定的4大行业领域20大类56小类电能替代技术。

（3）工程建设符合基本建设程序，执行公司的有关技术标准，建设周期合理，工程投运至评优申报期间，未出现工程质量或设备事故，未发生工程相关的投诉事件，未发生重大的设计变更。

（4）项目应纳入电能服务管理平台电能替代项目储备库管理，项目应单独装表计量或采用定比定量方式，工作流程符合《电能替代工作规则》，具备完整的项目资料档案。

（5）项目申报可采用单个或打捆方式申报。单个申报的工程项目变压器容量不小于 100kVA，打捆申报的工程项目需是专用变压器，且在打捆数量单个县公司范围内至少达到 10 户。

第三节　电能替代项目挖潜实用案例

一、区域电能替代项目潜力挖掘案例：福建省电能替代潜力挖掘

福建省电力公司于 2016 年开展福州、泉州、厦门、龙岩、莆田、南平、三明、漳州、宁德九个地市的电能替代潜力调查项目，挖潜成效如下。

（1）预计"十三五"期间福建省电力公司电能替代理论可行电量 1681.28 亿 kWh，实际可行电量 185.06 亿 kWh。

（2）预计 2016 年至 2020 年福建省将分别实现电能替代电量 36、38、40、36、35 亿 kWh。

（3）"十三五"期间涉及用户改造和配电网配套新增投资的电能替代项目的总投资费用约 294.74 亿元。其中，福建省"十三五"期间电能替代规划项目的总投资 235.79 亿元，配网投资为 58.95 亿元。

（4）从实际可行的潜力替代电量和投资的角度来看，工业领域、交通领域、建筑领域为福建省的电能替代重点领域，重点技术方向有电窑炉、工业电锅炉、电气化铁路、港口岸电、电动汽车、轨道交通、分散电采暖、热泵、蓄冷空调、电热水器。

（5）经济效益：按照国家电网经营区 2015 年平均销售电价 637.71 元/kWh，煤电发电成本 392.4 元/kWh 进行静态投资收益测算，不考虑人工及电网维护

成本，公司"十三五"期间电能替代新增售电毛利润可达（637.71－392.4）×185.06/1000＝45.4（亿元），公司电能替代的经济效益显著。

（6）社会效益：完成替代电量 185 亿 kWh，相当于减少直燃煤 828 万 t，减排二氧化碳 1475 万 t，减排二氧化硫、氮氧化物和烟尘 34 万 t，极大促进了大气污染防治与环境质量改善。

1. 福州市供电公司

理论可行：378.15 亿 kWh；

实际可行：43.85 亿 kWh；

重点领域：工业、交通、建筑领域；

重点技术方向：电窑炉、工业电锅炉、轨道交通、电气化铁路、电动汽车、分散电采暖、蓄冷空调、热泵。

福州市现场潜力挖掘情况见图 3－7。

连江：港口、酒店旅游

长乐：鳗鱼养殖

福清：玻璃产业、铝业

平潭：酒店旅游

图 3－7　福州现场潜力挖掘情况

2. 泉州市供电公司

理论可行：340.16 亿 kWh；

实际可行：42.295 亿 kWh；

重点领域：工业、交通、建筑领域；

重点技术方向：电窑炉、工业电锅炉、电气化铁路、港口岸电、电动汽车、蓄冷空调。泉州现场潜力挖掘情况见图 3－8。

泉港：港口案电

晋江：工业燃煤锅炉

安溪：液化石油气炒青

南安：燃气窑炉

图 3－8 泉州现场潜力挖掘情况

3. 厦门市供电公司

理论可行：120.43 亿 kWh；

实际可行：23.56 亿 kWh；

重点领域：交通、工业、家居生活领域；

重点技术方向：轨道交通、电气化铁路、港口岸电、电动汽车、工业电锅炉、工业电窑炉、低速电动汽车。

厦门现场潜力挖掘情况见图3-9。

海沧区：港口岸电

海沧区：化工行业

翔安区：化工行业

翔安区：陶瓷行业

图3-9 厦门现场潜力挖掘情况

4. 龙岩市供电公司

理论可行：121.46亿kWh；

实际可行：11.00亿kWh；

重点领域：工业、交通、建筑领域；

重点技术方向：电窑炉、工业电锅炉、电气化铁路、电动汽车、蓄冷空调。

龙岩现场潜力挖掘情况见图3-10。

连城：食品加工煤锅炉

上杭：食品加工生物质锅炉

漳平：化工热风炉

永定：烤烟房

图 3-10 龙岩现场潜力挖掘情况

5. 三明市供电公司

理论可行：271.89 亿 kWh；

实际可行：11.72 亿 kWh；

重点领域：工业、交通、建筑、农业领域；

重点技术方向：工业电锅炉、分散电采暖、电蓄冷空调、电气化铁路、港口岸电、电动汽车和电制茶。

三明现场潜力挖掘情况见图 3-11。

6. 漳州市供电公司

理论可行：85.05 亿 kWh；

实际可行：18.90 亿 kWh；

重点领域：工业、建筑、交通、农业；

重点技术方向：工业电锅炉、电窑炉、分散电采暖、蓄冷空调、热泵。

漳州现场潜力挖掘情况见图 3-12。

尤溪：生态农业农田排灌

大田：冶金行业产品

安：建材行业厂区设备

图 3-11　三明现场潜力挖掘情况

东山：紫菜养殖加工基地烘干

图 3-12　漳州现场潜力挖掘情况

7. 南平市供电公司

理论可行：199.4 亿 kWh；

实际可行：12.2 亿 kWh；

重点领域：工业、交通、建筑领域；

重点技术方向：燃煤自备电厂、工业电锅炉、电窑炉、电气化铁路、电制茶。

南平现场潜力挖掘情况见图 3 – 13。

建瓯：燃煤锅炉

建阳：建盏电窑炉

邵武：燃煤锅炉

顺昌：电炊具

图 3 – 13　南平现场潜力挖掘情况

8. 宁德市供电公司

理论可行：116.49 亿 kWh；

实际可行：14.65 亿 kWh；

重点领域：工业、交通、农业领域；

重点技术方向：电窑炉、工业电锅炉、电气化铁路、电动汽车、电制茶。

宁德现场潜力挖掘情况见图 3 – 14。

9. 莆田市供电公司

理论可行：31.27 亿 kWh；

实际可行：7.21 亿 kWh；

重点领域：交通、建筑、家居生活领域；

重点技术方向：电动汽车、电气化铁路、港口岸电、电热水器和分散电采暖。

莆田现场潜力挖掘情况见图 3 – 15。

古田菌棒加工燃煤锅炉

图 3 – 14　宁德现场潜力挖掘情况

城厢区：服装加工煤锅炉　　　　　　湄洲湾：东吴港区

图 3 – 15　莆田现场潜力挖掘情况

二、典型行业电能替代项目潜力挖掘案例：福建宁德食用菌

💡1 古田食用菌发展现状

古田县素有"银耳之乡"之称，近几年来古田食用菌产业发展迅速，规模

产量居全国前列，成功创建国家级出口食用菌质量安全示范区，省食用菌产品质量监督检验中心完成升级改造，46 种食用菌产品、605 个参数通过食品检验资质认证。其中银耳、香菇、竹荪、猴头菇、茶薪菇、毛木耳、金针菇等 20 多个菌类已实现规模化生产。2015 年，福建省全省食用菌总产量 247 万 t，产值 155 亿元，其中，古田县食用菌产量 78.35 万 t，产值 49.11 亿元，产量较大的食用菌为银耳和茶树菇，银耳产量 33.5 万 t，产值 16.69 亿元，茶树菇产量 21.84 万 t，产值 11.04 亿元。

古田食用菌产业链可分为食用菌菌棒的加工、食用菌种植和食用菌粗加工三个部分，食用菌菌棒加工企业约有 30 余家，规模较大的生产企业 10 家左右；食用菌种植的企业约有 40 余家，规模较大的有 5 家左右；食用菌粗加工企业达 200 余家，规模较大的食用菌粗加工企业约 10 家，带动当地农户数量 5000 户以上。

✌2 古田食用菌用能现状

食用菌生产企业所消费的能源主要是废弃菌棒和煤，以废弃菌棒为主，用能方式多为粗放型，目前以烘干灶和煤锅炉为主：① 烘干灶。将废气菌棒、煤在烘干灶中燃烧，利用产生的烟气烘干食用菌；② 煤锅炉。即将未经处理的废弃菌棒、煤在煤锅炉中直接燃烧产生热量，加热给水至饱和蒸汽状态（0.8MPa，170℃），再将蒸汽通往菌房杀菌、烘干房烘干。由于废弃菌棒热值较低，且含有一定水分，煤锅炉燃烧效率较低，此外未经处理的尾气直接排放，尾气中所含的二氧化硫、氮氧化物、烟尘等对环境破坏较大。

2015 年，古田县的食用菌鲜菇产量为 78.35 万 t，年出口量约为 1 万 t，其中，出口以干食用菌为主，干食用菌占比约为 85%，鲜品到干品的比例大概为 1:8，为 8.32 万 t，鲜菇产量较少，占比约为 15%，11.75 万 t。经由当地企业提供数据，干食用菌能源消耗主要在烘干，每斤菌类的能源消耗约为 6～10 个菌棒，鲜食用菌菌类的能源消耗主要在杀菌，每斤菌类的能源消耗约为 0.5 个菌棒，每个菌棒 1.5 斤，价格为 0.15 元，由于本地菌棒未做处理，生物质发热量不高，估取 3200kcal/kg，标煤发热量为 7000kcal/kg，发电煤耗取 0.32kg/kWh，进行折算可得出，2015 年的使用标煤量（食用菌的杀菌、烘干）为 78 万 t，菌棒的能源消耗费用为 2.42 亿元。

⓷ 古田食用菌替代潜力分析

2016 年 5 月国家发改委、能源局等 8 部委联合发布了《关于推进电能替代的指导意见》，明确要求逐步扩大电能替代范围，形成清洁、安全、智能的新型能源消费方式。电能替代目前已上升为国家战略，成为我国防治大气污染、改善环境质量、调整能源结构的重要抓手。

针对宁德市古田县食用菌行业存在大量燃煤锅炉粗放式用能现状，在古田食用菌行业实施电能替代有利于促进能源效率的提升、节能环保和实现该行业的可持续发展。在食用菌生产过程中的杀菌和烘干两个环节，可以采用电能替代技术进行替代，在食用菌菌棒加工的蒸汽杀菌环节可以用电锅炉替代煤锅炉，食用菌粗加工过程中的蒸汽烘干环节可以用热泵或电锅炉替代煤锅炉。

食用菌的菌棒加工阶段都需要进行杀菌，此部分为 78.35 万 t，干食用菌需要烘干，此部分为 8.32 万 t，下面对食用菌的杀菌、烘干环节的替代潜力、环保潜力进行测算。

（1）古田食用菌总体替代潜力。根据 2015 年古田食用菌的生产情况，燃烧菌棒量为 121.2 万 t，菌棒能源消费为 2.42 亿元，折标煤量为 78 万 t，理论替代潜力电量 10.8 亿 kWh，考虑技术、经济可行性、企业改造意愿等因素，可行替代电量为 2.29 亿 kWh。

（2）古田食用菌总体环保潜力。根据福建省、宁德市下达的总量控制指标，古田《古田县"十三五"环境保护专项计划》的提出，古田县十三五期间 SO_2 累计排放量 2256t，NO_x 累计排放量为 562t，根据上述测算，食用菌改造的 SO_2、NO_x 环保潜力分别为 1000t、400t。如果古田县政府大力推动食用菌改造的话，可快速推动古田县"十三五"期间环保指标的完成与落实。

（3）热泵与电锅炉产品替代的经济、环保效益对比分析。选取古田的食用菌产量、产值较高的银耳、茶树菇为例，针对食用菌的杀菌、烘干两个可替代环节，进行电能替代，杀菌环节可以用电锅炉替代煤锅炉，烘干环节可以用热泵或电锅炉替代煤锅炉、燃煤烘干机、废筒烘干机，并进行经济、环保效益的对比分析。

1）菌棒杀菌环节。与电锅炉相比，热泵＋电锅炉使系统复杂化，虽然联合运行可降低运行费用 1.7 万元，但增加初始投资、人工检修等 12.8 万元。由于杀菌环节要采用蒸汽，热泵将水从 20℃加热到 60℃的热量与电锅炉将水从 60℃加热到 170℃的热量比例为 1:15，热泵贡献较小。故而杀菌环节采用电锅炉更为适合。但电锅炉的运行成本远高于煤锅炉，无法回收成本。杀菌环节建议采用煤锅炉加设环保净化设施。

2）食用菌烘干环节。在食用菌的烘干环节，采用热泵替换煤锅炉、燃煤烘干机、废菌筒烘干机，进行经济、环保效益的对比分析。

a. 银耳：采用热泵（35kW）替换煤锅炉、燃煤烘干机、废筒烘干机，一次设备费用和电力业扩费用为 20 万元，运行与人工费用与之前采用燃烧煤、菌棒的费用基本持平，产品利润提高 0.45 元/斤，投资回收年限为 3.09 年。

b. 茶树菇：采用热泵（26kW）替换煤锅炉、燃煤烘干机、废筒烘干机，一次设备费用和电力业扩费用为 18 万元，运行与人工费用与之前采用燃烧煤、菌棒的费用基本持平，产品利润提高 0.5 元/斤，投资回收年限为 3.75 年。

📋4　电能替代存在的问题

（1）电能替代后产品利润空间有待进一步确认。根据当地热泵生产厂家在本地食用菌厂家进行的试点项目，食用菌的成品率、品色、品相更佳，可以提高成品价格，进行热泵替换的烘干企业可提高 0.4~1.0 元/斤，此部分提高的利润空间，可以使投入的设备在 3.5 年左右时间内回收成本，部分食用菌因品相变佳而用于出口，进行热泵替代的烘干企业的成品价格可提高 5 元，此部分提高的利润将进一步缩短投入设备的成本回收时间。

（2）初始投资成本过高。若企业将原有的燃煤锅炉替换成电锅炉，则会新增锅炉改造成本，输配设施建设成本等，目前支持电能替代初始投资的财政补贴、税收减免等政策尚不健全，推广难度较大。现有的工厂规模也多以小型工厂为主，受到经济低迷、市场行情等各方面影响，能源替代的意愿不强。

（3）废弃菌棒如何处理。古田的生物质资源丰富，食用菌厂家采用热泵替代后，大量废弃菌棒需要集中处理，可对菌棒等生物质能材料进行回收，统一处理，提高热值和利用效率，减少直接燃烧带来的环境问题。可以设立肥料生产厂家，或者建设生物质电厂，统一处理废弃菌棒，实现废弃菌棒的清洁高效利用。

（4）已有环保改造政策。古田县政府 2017 年 3 月 2 日出台《食用菌加工企业环保专项整治》方案，提出为现有食用菌企业加装废水废气治理设施，以达到县环保局的要求，并对 2017 年改造的企业进行适当的补贴，6 月底前完成并经验收合格的食用菌加工企业废气处理设施一次性补贴奖励 6 万元、废水处理设施一次性补助 4 万元（按厂家进行补贴，若企业完成废气和废水一套设施改造，总计可获得 10 万元），5 月底完成。在原有基础上增加 1 万元，7 月 1 日起完成的，每延迟一个月，扣单项补贴经费 5 千元，10 月底前未完成改造的企业，勒令停产整改。当前该设备价格为 30 万元左右，价格与 1 蒸吨电锅炉相当，比热泵投资降低 77.5 万元。由于废水废气设施功率不大，电力运行费用较低，废水废气设备替换也属于电能替代，但用电量与锅炉替换相比较小。锅炉替换是主机替换，废水废气设备是辅机增加，综合考虑成本与改造难易程度，用户可能更倾向于后者。

🔧5 政策建议

（1）推动食用菌产业电能替代的相关措施。总的来说，对农业生产企业而言，电能替代主要的问题在于改造成本相对较高，初始投资投入过大，电力运行价格较高，对比起其他能源竞争力较弱；另外，由于古田的产业特色，菌棒资源丰富，生物质能较多，燃烧生物质能对比用电更为便宜，就目前的现状，推动存在一定难度。可以联合政府有关部门，从以下几个方面去推动电能替代。

1）初始投资以及业扩补贴。通过与厂商合作等方式，建立战略合作机制，共同推进电能替代，给予企业初始投资补贴或者一定的优惠政策，鼓励企业进行设备的改造。

2）电能替代项目专项优惠电价。争取电价政策，在深入分析的基础上，促请政府出台电能改造的相应电价的优惠政策，激励用户多进行电能替代。

3）对电能替代项目给予一定的金融扶持。一是对烘干厂农业设施进行登记发证，金融部门给予贷款支持；二是与福建省节能服务公司展开合作，通过融资租赁等方式，食用菌烘干企业获得烘干设备的使用权和所有权。

4）争取环保政策的支持。在现行政策下，电能替代燃煤锅炉等并未列入环保改造，暂不享受古田县政府出台《食用菌加工企业环保专项整治》方案中的优惠政策，应积极向县政府争取该项补贴政策，由环保局牵头，对电能替代进行相关鉴定，并对实行电能替代的用户给予相对应的补贴，提高食用菌加工生产企业对电能替代的积极性。

5）在政府的推动下，对菌棒等生物质能材料进行回收，统一处理，提高热值和利用效率，减少直接燃烧带来的环境问题。

6）试点先行，有序推广。按照先试先行的原则，重点帮助意向企业先进行电能替代改造，助力企业取得实质性的效果，实现推广宣传的作用。每年制定相关的电能替代计划，有序推进电能替代、节能减排等工作的深入开展。

7）注重引导宣传，推动政府出台更为严格的环保政策。政府、电力局应充分运用各种媒体、宣传栏，大力普及环境保护的重要性以及推广新工艺、新设备，宣传相关优惠政策，调动食用菌生产厂商实行电能替代的积极性。

（2）落实食用菌产业电能替代推广相关优惠政策。具体而言，参考福建以及全国其他城市推进电能替代的相关措施，可以从电能替代项目初始投资补贴、环保、节能及替代电量奖励、直购电优惠等方面提供政策支持，见表3-2。

表 3-2　　　　　　　　　　　　优 惠 政 策 建 议

政策类别	政 策 建 议	政 策 依 据
补贴类	1. 对全县范围内率先进行食用菌热泵烘干厂建设的给予大力扶持。现有烘干厂进行银耳热泵烘干机改造的（全县前400厢）给予每厢0.8万元的补贴，新建烘干厂配备银耳热泵烘干机的（全县前200厢）给予每厢0.5万元的补贴；茶树菇等菇类热泵烘干机（全县前300厢）给予每厢0.5万元的补贴。以上每个厂补贴数量最多不超过100厢，银耳热泵烘干机每厢装机功率必须在5匹以上，茶树菇等菇类热泵烘干机平均每厢装机功率必须在4匹以上。 2. 进行30厢以上热泵烘干改造的，同样享受县里环保整治的优惠政策。 3. 已享受过项目资金补贴的项目范围内热泵烘干机不再进行补贴	永安市关于推进以电代柴生产笋干的通知（永政办〔2015〕23号）：对购买功率3～5匹（不含5匹）电加热笋设备补助8000元/台；对购买5～10（含5匹）的电加热笋设备补助10 000元/台。2015年内购买并安装者，功率3～5匹（不含5匹）电加热笋设备增加补助2000元/台；5～10（含5匹）的电加热笋设备增加补助3000元/台

政策类别	政 策 建 议	政 策 依 据
环保类	加快淘汰落后锅炉,"十三五"期间基本淘汰10蒸吨及以下燃煤锅炉、煤锅炉,确实无法淘汰的,必须按规范建设投运除尘、脱硫和脱硝设施,确保污染物稳定达标排放。原则上不再新建每小时10蒸吨以下的燃煤锅炉	1. 根据福建省出台的《关于印发福建省燃煤锅炉节能环保综合提升工程实施方案的通知(闽经信环资〔2015〕34号)》:加快淘汰落后锅炉。到2017年,除必要保留外,各设区城市建成区基本淘汰每小时10蒸吨及以下的燃煤锅炉。 2. 福建省政府印发的《关于印发大气污染防治行动计划实施细则的通知(闽政〔2014〕1号)》:到2017年,除必要保留外,各设区城市建成区基本淘汰每小时10蒸吨及以下的燃煤锅炉,禁止新建每小时20蒸吨以下的燃煤锅炉;其他地区原则上不再新建每小时10蒸吨以下的燃煤锅炉
节能或替代电量奖励类	鼓励社会节能公司采用合同能源管理方式推进节能项目实施,对年节能量或替代量达500t标准煤的电能替代改造项目,对年节能量或替代量达500t标准煤以上的4t/h以上燃煤锅炉改造项目,省级节能和循环经济专项资金给予100元/t标准煤奖励。当一个企业年替代电量500t,可以获取5万元的奖励	福建省经信委颁布的《关于印发福建省燃煤锅炉节能环保综合提升工程实施方案的通知(闽经信环资〔2015〕34号)》:对年节能量达500t标准煤以上的4t/h以上燃煤锅炉改造项目,省级节能和循环经济专项资金给予200元/t标准煤奖励
直购电类	1. 鼓励电能替代用户参与电力直接交易。实施燃煤锅炉、煤锅炉等电能替代的用户,可以采取"集中打包"方式,作为增量参与电力直接交易,与发电企业自主协商交易电价。 2. 适当降低电能替代用户电力成本引导用户电能替代改造。允许燃煤锅炉、煤锅炉等电能替代用户与省电力公司协商降低电力成本。 3. 以上电能替代电量单独计量,确保替代电量的真实准确	(河南)关于做好电能替代电价工作的通知豫发改价管〔2016〕1085号文的政策文件。 1. 鼓励电能替代用户参与电力直接交易。实施燃煤锅炉、燃煤窑炉、燃煤自备电厂、分散电采暖等电能替代的用户,可以采取"集中打包"方式,作为增量参与电力直接交易,与发电企业自主协商交易电价。 2. 适当降低电能替代用户电力成本引导用户电能替代改造。允许燃煤锅炉、燃煤窑炉、燃煤自备电厂等电能替代用户与省电力公司协商降低电力成本。省电力公司要及时将协商结果报我委。 (福建)福建省经信委印发《福建省电力用户与发电企业直接交易及电量管理暂行办法》参与直接交易的电力用户应具备以下条件: (1)符合《国家产业结构调整指导目录》、行业准入条件和福建省产业结构调整要求的企业; (2)企业投资项目的核准(备案)手续符合国家有关规定; (3)企业在省电网覆盖范围内(包括趸售区),重点支持省级高新技术企业、战略性新兴产业、能效标杆企业以及实施工业领域电力需求侧管理的企业。近期原则上选择电压等级10kV及以上、年购电量5000万kWh及以上的省龙头企业或省百家重点企业。 (4)符合上述条件的新建、扩建等新投产企业在投产当年度原则上不安排参与直接交易

续表

政策类别	政 策 建 议	政 策 依 据
农机补贴类	由农机局牵头,协助食用菌烘干设备生产企业尽快将烘干机械上报福建省农业厅进行定型、鉴定,使食用菌烘干设备列入福建省农机购置补贴机具补贴目录,国家优惠政策尽快落地,以促进机械设备的推广	农机申请补贴标准可参考福建省 2015~2017 年农机购置补贴机具补贴额一览表中粮食烘干机类和果蔬烘干机类

6 典型案例

(1)银耳烘干—热泵—古田县吉巷乡永安村长飞食用菌烘干厂。

1)公司概况。长飞食用菌烘干厂建于 2009 年,占地 5 亩。现有用能设备为 1 台 4 蒸吨煤锅炉,以废弃菌棒为主要能源,一年烘干时间大约为 8 个月,年产量约 270 万斤。年产值约 6000 多万元。

2016 年在该厂设置样机,运行效果良好,长飞烘干厂准备 2017 年三、四月份,新增加三组 30 个烘干箱热泵烘干机械,日烘干银耳 3000 斤。预计于 2018 年,把原有 8 组传统烘干灶全部改为 7 组 70 个烘干箱的热泵烘干机械。那样可日烘干银耳干品 10 000 斤,一年可以不间断烘干银耳,茶树菇,猴头菇等食用菌,以及笋干等农产品。考虑 6、7、8 三个月份为银耳生产淡季,一年可烘干银耳 270 万斤。年产值预计可达 6000 多万元。

2)改造前后设备变化及单位用能情况。改造前生产工艺流程参见图 3-16。银耳的加工工艺较为简单,大致可以分为以下几道工艺:人工处理、清洗、烘干,在这几道工序中能耗较大的为烘干这一环节。根据现场调研可知,现有用能设备为 1 台 4 蒸吨煤锅炉,以废弃菌棒为主要能源,配有八组传统烘干灶,共 64 个烘干箱,烘干一斤银耳干品需燃烧 6 个废菌棒左右,每年生物质消耗为 10 200t。

改造后生产工艺流程。将食用菌加工过程中的烘干环节用热泵替代煤锅炉(燃烧生物质)。使用不锈钢台架式削菇蒂平台,全自动传送带,沥干平台。采用 750kW 的热泵机组进行烘干,以电能主要能源,烘干一斤银耳干品需耗电 1.5kWh 左右,年耗电量为 375 万 kWh。

3)改造前后经济效益、环保效益对比分析。选取本企业 4 蒸吨煤锅炉进行热泵替代，按照日产 1 万斤银耳进行测算，其经济效益、环保效益情况见表 3–3。

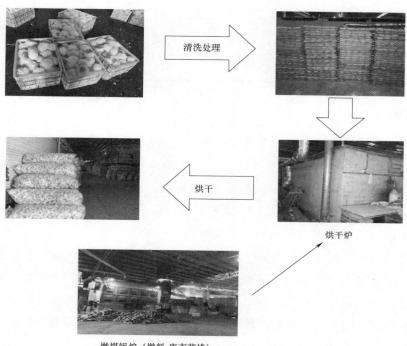

图 3–16　改造前生产工艺流程

表 3–3　　　4 蒸吨煤锅炉、热泵的经济效益、环保效益对比分析

设备参数及费用明细	煤锅炉	热泵
容量（t/h）	4	750
压力（MPa）	0.8	—
温度（℃）	170	85
耗生物质（t/h）	2.04	750
运行时间（h）	5000	5000
每年耗生物质（t）	10 200	3 750 000
生物质价格（元/t）	200	0.680 6
燃料价格费用（万元）	204	255.2
设备费用（万元）	32	375

续表

设备参数及费用明细	煤锅炉	热泵
使用年限（年）	10	15
年折旧（万元）	3.2	25
辅机电费（万元）	2.2	0
废气处理设施（万元）	50	0
废水处理设施（万元）	50	50
排污费（万元）	2	0
人工费用（万元）	40.8	3
检修费用（万元）	5	2
电力设备安装费用（电力公司）	—	0
电力设备安装费用（用户）	—	60
利润提升空间（元/斤）	—	0.45
年增加收益（万元）	—	108
投资回收期（年）	—	3.79
费用合计（万元）	336	745.2
减排 CO_2（t）	—	3131.7
减排 SO_2（t）	—	20.7
减排 NO_x（t）	—	8.8
减排粉尘（t）	—	18.8

a. 费用对比分析：① 一次设备费用、电力设备安装费用：$375+60=435$ 万元，费用增加 435 万元。② 运行与人工费用：与之前采用燃烧煤、菌棒的费用基本持平；③ 一次性废气处理设施：费用减少 50 万元。④ 产品利润提高：0.45 元/斤；⑤ 投资回收年限：3.79 年。

b. 环保效益对比：热泵与煤锅炉相比，减排 CO_2 为 3131.7t、排放 SO_2 为 20.7t、排放 NO_x 为 8.8t、排放粉尘为 18.8t。

（2）茶树菇烘干—热泵—古田县巧香食用菌合作。

1）公司概况。古田县巧香食用菌合作社位于古田县城东街道坑里村，经营范围有：食用菌初加工，主要是茶树菇的烘干，由于农产品的种植受季节因素影响比较大，因此，每年的 3～11 月为烘干的旺季。该合作社以前产能比较低，设备为 3 台燃煤烘干机。年烘干茶树菇干品约 8.7 万斤。收取加工费约 22 万元，赢利 6 万元左右。

2）改造前后设备变化及单位用能情况。改造前烘干生产流程主要分为以下几个部分：茶树菇的排盘、烘干、回潮、装袋。在生产环节中，烘干所消耗的能源主要是煤和电。根据现场调研的结果可知，本合作社烘干年耗窝煤量为 25.2 万斤，电费为 1.7 万元（0.7 元/kWh），以上数据以年产 8.7 万斤茶树菇干品计算。

改造后烘干的生产流程整体不变，使用浣溪农业技术开发有限公司生产的食用菌热泵烘干机代替燃煤烘干，以一台 6 门热泵烘干机为例，年烘干量为 8.7 万斤。

3）改造前后经济效益、环保效益对比分析见表 3－4。

表 3－4　　燃煤烘干灶、热泵烘干机的经济效益、环保效益对比分析

项目	热泵烘干机	燃煤烘干机
台数（台）	1	3
单台功率（kW）	26	9
总功率（kW）	26	27
设备成本（万元）	16	9
使用年限（年）	15	10
年折旧（万元）	1.07	0.9
电力设备安装费用（万元）	2	0
用能形式	电	煤、电
用能情况（斤）	1.8 度电	0.2 度电、2.9 斤煤
能源成本（元/斤）	1.23	1.3
烘干人工成本（元/斤）	0.7	0.8
烘干成品价格（元/斤）	比普通价格提高 0.3～1 元	普通价格
利润提升空间（元/斤）	0.60	0.00
年产量（万斤）	8.7	14.4
年生产小时数（h）	5000	4000

项目	热泵烘干机	燃煤烘干机
年增加收益（万元）	5.25	0.00
投资回收期（年）	3.43	—
成品质量	色泽均匀一致，朵型好，不会烘坏菇，无二次污染	色泽不均匀，每年都有给菇农烘坏菇的现象，卫生条件差
减排 CO_2（t）	—	181.6
减排 SO_2（t）	—	1.2
减排 NO_x（t）	—	0.5
减排粉尘（t）	—	1.1

a. 替换为热泵。

一次设备费用：16 万元。

电力设备安装费用：2 万元。

整体设备费用增加 18 万元。

运行与人工费用：与之前采用燃烧煤、菌棒的费用基本持平。

产品利润提高：0.6 元/斤。

投资回收年限：3.43 年。

b. 环保效益对比。热泵与燃煤烘干机，相比减排 CO_2 为 181.6t、减排 SO_2 为 1.2t、减排 NO_x 为 0.5t、减排粉尘为 1.1t。

（3）银耳杀菌—电锅炉—万邦食用菌有限公司。

1）公司概况。万邦食用菌有限公司位于古田县吉巷乡渭洋村渭洋路 18 号，经营范围有食用菌、水果、蔬菜种植；食用菌初加工；初级农产品、食用菌生产辅料（不含危险化学品）销售。由于农产品种植受季节因素影响比较大，因此，6~8 月三个月为银耳的种植淡季，该企业的产量较低。现有用能设备为 1 台 1 蒸吨煤锅炉，以散烧煤为主要能源，新鲜银耳的年产量约 150 万斤，年产值约 3000 多万元。

2）改造前后设备变化及单位用能情况。改造前菌棒的生产流程主要分为以下几个部分：棉籽壳（菌棒的原料）的搅拌、装袋、蒸热杀菌，见图 3－17。在生产环节中，蒸热杀菌环节所消费的能源主要是煤，搅拌和装袋环节基本改造为电器化生产。根据现场调研的结果可知，本企业采用 1 蒸吨煤锅炉对新鲜菌棒进行杀菌处理，企业年耗煤量为 850t。

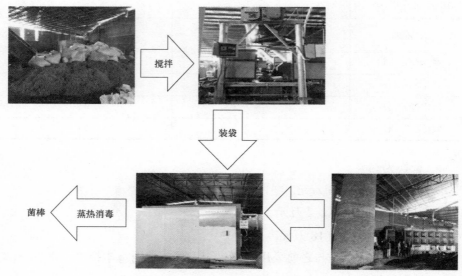

图 3-17　菌棒生产流程

改造后菌棒的生产流程整体不变，将食用菌生产流程中的蒸汽杀菌环节，采用 750kW 的电锅炉替代煤锅炉，年耗电量为 360 万 kWh。

3）改造前后经济效益、环保效益对比分析。选取本企业 1 蒸吨煤锅炉进行电锅炉热泵替代，其经济效益、环保效益情况见表 3-5。

表 3-5　1 蒸吨煤锅炉、电锅炉的经济效益、环保效益对比分析

设备参数及费用明细	煤锅炉	电锅炉
容量（t/h）	1	720
压力（Mpa）	0.8	0.8
温度（℃）	170	170
耗煤（t/h）/耗电量（kW/h）	0.17	720
运行时间（h）	5000	5000
每年耗煤量（t）	850	3 600 000
煤价格（元/t）	800	0.680 6

设备参数及费用明细	煤锅炉	电锅炉
燃料价格费用（万元）	68	245.0
设备费用（万元）	8	30
使用年限（年）	10	15
年折旧（万元）	0.8	2
辅机电费（万元）	1	0
废气处理设施（万元）	50	0
废水处理设施（万元）	50	50
排污费（万元）	2	0
人工费用（万元）	3	2
检修费用（万元）	1.5	2
电力设备安装费用（电力公司）	—	0
电力设备安装费用（用户）	—	45
费用合计（万元）	133.5	374.0
减排 CO_2（t）	—	1513.6
减排 SO_2（t）	—	10
减排 NO_x（t）	—	4.3
减排粉尘（t）	—	9.1

a. 费用对比分析：① 设备费用：30−8＝22 万元，费用增加 22 万元。② 运行费用：245−68＝177 万元，费用增加 177 万元。③ 人工、检修、辅机电费、排污费：4−7.5＝−3.5 万元，减少 3.5 万元。④ 电力设备安装费用：45−0＝45 万元，费用增加 45 万元。⑤ 一次性废气处理设施：费用减少 50 万元。

b. 环保效益对比：电锅炉与煤锅炉相比，减排 CO_2 为 1513.6t、排放 SO_2 为 10t、排放 NO_x 为 4.3t、排放粉尘为 9.1t。

第四章

电能替代商业模式及实施流程

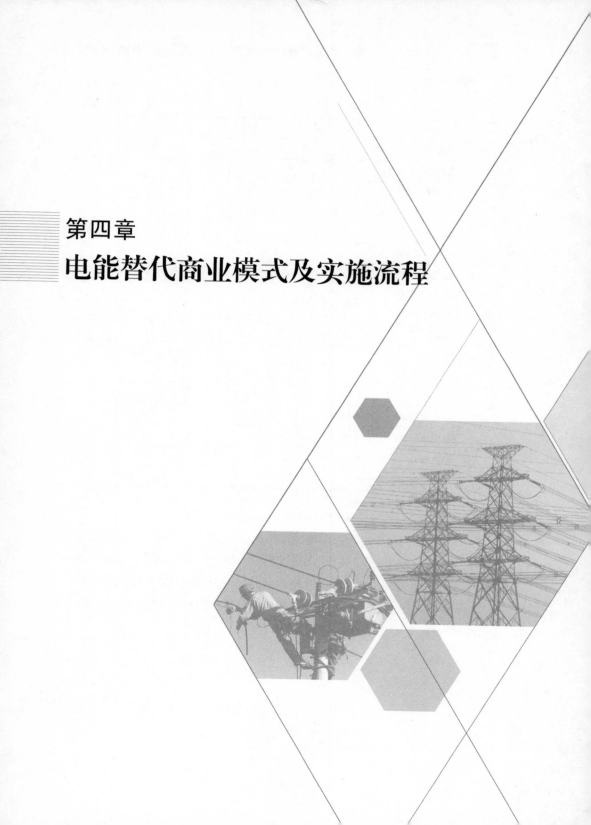

第一节 电能替代项目主体

电能具有清洁、安全、便捷等优势，在能源消费上实施电能替代，以电代煤、以电代油，电从远方来，来的是清洁电，对于推动能源消费革命、落实国家能源战略、促进能源清洁化发展意义重大。电能替代项目主要以电力用户为对象，在政府支持下，由电力公司提供供电保障，由设备供应商提供技术支持及设备供应，由节能公司具体开展项目实施。

一、电力用户

在电能替代项目实施过程中，针对不同类型的电力用户，所采用的电能替代技术各有不同，其侧重点也不同。对工业企业等电力大用户而言，以经济效益为主导，通过对高耗能、高污染设备的改造或替换，实现减少生产运行过程中的资源及能源消耗，同时提高生产效率及产品质量等，有效提高企业的经济效益，同时改善生产环境。对居民用户而言，以家庭或小区为单位开展电能替代项目，主要以经济效益和舒适度为主导，主要为居民用户提供制冷、供暖、热水以及家庭电气化中电厨炊技术等。另外在电力用户中，对医院、政府机构、学校等重要用户在实施电能替代改造项目时，在前期制定项目方案时应重点关注电力供应的可靠性与稳定性，其次考虑项目的经济效益等，以保证不影响重要用户用电情况下的社会效益增长。

二、电力公司

电力公司应组织专业力量对市场各类企业进行广泛而深入的调研分析，开展市场开发专项研究，分析电力市场开发内、外部环境，充分挖掘潜在目标客户，扩大电能市场。制定公司市场开拓战略，针对多种潜在市场特点，制定有效的开发策略，全面扩大电力市场。同时对煤炭、石油、天然气和电力进行终端能源竞争力分析，寻找论证可能存在煤改电、油改电的领域、行业和设备，实现新的用电增长点。

☼❶ 进行严谨的市场调研，有序推动电能替代工作

市场调研对电能替代实施管理的意义不言而喻，做好市场调研工作能够确

保工作有的放矢，对电能替代工作的实施具有很好的促进作用。深入调研供电区域内各种能源的应用现状、发展趋势、重点替代领域及行业、电能替代潜力点及现有能耗水平及适用的替代技术。重点要做好集中供暖、公共设施、工业生产等领域应用燃煤、燃油锅炉等高能耗、高污染设备情况汇总，进一步明确能源可替代的技术方案及建设模式。

针对目标客户，进行广泛深入的市场调研，寻找并研究可能存在油改电、煤改电的领域、行业和设备，深入了解此类客户的需求，综合比较各类能源的性能、价格、投资等方面，找到各个电能替代项目最恰当的推广条件，推进项目的规范有效运作。

✋② 制定电能替代工作规划，促进电能替代工作的总体实施

为了促进电能替代工作的进一步开展，加强电能替代方案的有效实施，首先，电力公司可以制定电能替代工作总体规划，并与各级政府及主管部门及时沟通，得到相关部门的认同。其次，建立并完善需求侧管理长效机制。落实《电力需求侧管理办法》，加强需求侧服务管理体系建设，实用价格和行政策略引领客户，实现科学用电、节约用电、有序用电。完善负荷预测和监控，在条件合适的地区争取政策和资金的支持，建设需求侧管理示范项目。实行政企联动，使政府在编制规划师考虑电网的供电能力和需求情况以避免出现区域供电能力不均衡和电网重复建设。

☉③ 开展电能替代主题宣传，提高电能替代认知度

电能替代工作不仅与行业升级息息相关，也与百姓的日常生活密不可分。电能替代工作的开展，首先要赢得社会各阶层的支持，才有利于工作的顺利开展与实施，才能进一步提高新兴替代技术在市场中的占有率和可信度。因此，开展电能替代主题宣传，提高电能替代在广大用户心中的认知度是非常重要的。在宣传中，电力公司需要与媒体充分合作，通过开设媒体专栏、印制宣传册、播放宣传片、投放平面和电视广告等手段，宣传电能替代相关技术和产品，引领用户改变消费方式。建立电采暖、地源热泵等示范项目，通过实例引领用户，以取得最佳的宣传效果。

📖④ 积极推动政府出台扶持政策

利用现行电能替代项目实施成效突出的有利时机，推动政府出台相关的电

能替代扶持政策。对新建的电能替代项目，通过政府优惠政策或补贴政策，降低用户初期投入成本，可以有效调动开发商积极性。例如在对电采暖的改造中，因改造而增加的电源配套费用由政府和电力公司共同给予补助；扩大峰谷分时电价范围，对新建集中电采暖用户实行居民峰谷分时电价政策，降低电采暖用户使用成本，同时推动用户削峰填谷。自 2013 年 8 月，国家电网公司发布了《国家电网公司电能替代实施方案》以来，北京、江苏、山东等省公司也陆续发布了电能替代实施方案和相关政策，确定电能替代实施的电量目标、重点领域及推广活动等，作为对地方电能替代项目实施的指导。

三、节能服务公司

节能服务公司是根据用能情况诊断、节能项目设计、融资、改造（施工、设备安装、调试）、运行管理等服务的专业性公司，围绕合同能源管理机制运行。其工作模式是节能服务公司与同意进行节能改造的用户签订节能服务合同，为用户的节能项目进行自由竞争或融资，想用户提供能源审计、节能项目设计、原材料和设备采购、施工、检测、培训、运行管理等一站式服务，通过与用户共享项目实施后产生的节能效益来盈利。

节能服务公司不仅充分承担了企业的社会责任，更是抓住了节能服务背后蕴藏的巨大商机。合同能源管理和节能服务公司模式被引入我国的初衷是促进我国的节能减排管理，实现经济发展和环境保护的"双收"。节能服务项目的实施，既适应了信息技术大背景下电力需求的大幅度增加，又考虑了电能生产相对于直接燃煤的清洁性，是节能减排的重要组成部分。

在电能替代项目中，节能服务公司可以自己进行电能替代项目的调查、设计、实施和使用，与愿意进行电能替代改造的用户签订合同，为用户提供实施项目所需的融资、审计、运行管理、效果监测等一系列完整的服务，使电能替代项目在合同能源管理中得到快速发展。节能服务公司在电能替代项目中的主要工作内容包括如下几点。

（1）依靠电能替代技术和品牌优势，综合当地用能特点，由节能服务公司自主投资，实施完成电能替代项目。

（2）负责研究制定经营区域内的电能替代目标计划和施行方案，发展电能替代业务，向全社会提供电能替代服务，为用户提供咨询、调研、预算、实施、成果交付等业务内容。

（3）探索电能替代项目管理运营新模式。与设备供应商合同，创新各方在项目实施与管理中的角色扮演和职责分配制度，积极与政府等相关部门沟通，争取获得最大程度的扶持和优惠，实现多方共赢。

（4）结合实际工作情况，对公司系统中电能替代服务手段和标准提出改进意见和建议，促进电能替代技术的发展进步。

四、设备供应商

设备供应商想电能替代用户提供电能设备的具体信息，从而帮助其了解设备概况，更好地制定节能改造计划。如在碳晶电热板的使用中，首先需要设备供应商提供达到标准的设备，才能顺利开展替代项目。目前，有的设备供应商在提供设备的同时，也提供能源审计与评估、电能替代改造方案设计与培训、节能产品和技术的开发、应用及推广等服务。

五、政府机构

政府部门是促进电能替代产业发展进步的主要动力。电能替代的实施需要有关政策的支撑，仅依赖电能替代市场的自由发展，是不利于电能替代产业的形成和电能替代项目的推广的。

我国节能减排工作所采用的是中央和地方的二级管理模式。地方的节能减排工作由各地方政府发展改革委的节能减排部门主管，这些部门主要对相关领域的节能减排工作的组织和实施进行监督，同时大力推行节能减排政策中的各项工作措施。政府在电能替代项目中有两方面的职责：① 电能替代监管的职责；② 政府机构自身的电能替代工作。政府可以通过以下途径，推动电能替代项目的实施和普及。

☼❶ 政策支持

电能替代的顺利实施，首先要强化政府政策的导向性。法律法规体系是保证我国电能替代与节能服务产业更快、更好、更健康发展的最强有力的手段。

法律法规保障体系主要包括：建立高效的市场准入制度；制定电能替代相关技术标准；建立效果评价标准制度。

政策支持主要体现在以下两个方面：

（1）健全电力市场利益传导机制和利益分配机制政策，尤其要在新一轮电力体制改革中加强电价形成机制改革，弹性引入电力市场竞争机制，加强政府对绿色电力的补贴，使得市场中的利益主体（包括火电企业、风电企业、天然气发电企业、电网企业、节能服务公司等相关方）都有发展可再生能源的动力；对于电能生产者，制定严格的节能减排标准，采取"上大压小"措施控制新建火电项目，同时鼓励发展清洁能源，使得电能生产在经济上具有可行性；对于电能使用者，鼓励发展电能替代项目，对使用电能替代燃煤、燃油的用户进行适当财政补贴，提高用户的积极性。

（2）健全全国的价格引导政策，激发电能替代的市场活力。短期看可再生能源电价还高于传统能源电价，可再生能源特点的电力运行管理模式还没有完全建立。因此，是否有完备的激励政策引导用户自发选择电能，在全社会形成舍弃高污染低效率的用能氛围，是电能替代战略成功施行的关键。具体来说，应适当扩大峰谷电价实施规模和时段，进一步拉开峰谷电价差；并研究建立和需求侧相匹配的发电侧峰谷电价策略，优化负荷特性。通过政策补偿和实施峰谷电价、季节性电价、阶段电价、调峰电价等措施进一步提升电能替代经济性。

👆2 编制电能替代计划和规划

国务院及各级政府应将电能替代工作纳入国民经济和社会发展规划、年度计划，并组织编写和实行电能替代中长期专项计划、年度节能计划。

国家发改委、能源局于 2016 年 11 月 7 日正式发布《电力发展"十三五"规划》，对电能替代提出 4500 亿的目标，"十三五"末电能占终端能源消费比重将达到 27%。

👆3 财政补贴和优惠

根据国家发展改革委等六部委下发的《关于印发〈电力需求侧管理办法〉的通知》《财政部、国家发展和改革委关于批复电力需求侧管理城市综合试点工作实施方案及预拨中央财政奖励资金的通知》。国家发改委、财政部《电力需求侧管理城市综合试点工作中央财政奖励资金暂行管理办法》和《关于开展电力需求侧城市综合试点工作的通知》等文件精神，各个地方对开展电能替代的企业、用户等实施优惠和补贴政策，天津、北京、河北、苏州等地设立了电力需求侧专项资金，专款专用；广州设立了节能减排专项资金，对于符合要求的节能减排项目进行财政补贴和奖励。

第二节　电能替代商业模式

当前，我国能源发展步入新的阶段，优化结构、提高质量成为主要发展方向。为加快实施电能替代，国家发改委等八部委联合印发《关于推进电能替代的指导意见》，明确了电能替代的重点领域和保障措施。发改委、能源局印发的《电力发展"十三五"规划》也明确提出要实施电能替代。同时，各级地方政府也陆续出台推进电能替代的实施意见。由此可见，推进电能替代正当其时，势在必行。在这样的大好形势下，电能替代产业迎来了前所未有的高速发展机会，带来了巨大的市场空间，也带来了行业间的激烈竞争，要在市场竞争中胜出，选择合适的商业模式比较重要。与此同时，作为发起于传统能源消费模式上的新的业务形式，电能替代是一种清洁化的能源消费方式，但其成本也较高，因此，主动创新商业模式，降低电能替代项目开展过程中各项成本和经营支出，提高项目收益率，不仅能更好地满足用户个性化用能需求，也能建立持续性的、多方共赢的市场化运作模式。

一、自主全资模式

🔅❶ 用户自主全资

（1）自主全资就是整个电能替代项目资金，除政府补贴部分外，由计划实施电能替代项目的能源消耗用户全部承担，包括电能替代需求分析、方案设计、设备购买、安装与维护等。由于投入全部来自企业，如果因为实施电能替代给我公司带来了收益，那么收益也归公司所有。实施自主全资的公司在实施工程时，可以有公司内部组成项目小组进行电能替代项目实施，也可以与节能服务公司或设备供应商签订合同，将电能替代项目全权交于专门的公司进行开展。

用户自主全资模式选择灵活，用户可根据自身需求选择适用的方式，可实施性高。在用户自主全资模式下，实施流程主要包括：用户选择安装→专业技术人员实地考察→根据实地考察情况确定实施方案、项目预算→项目实施。项目实施前，需要专门的技师人员到项目现场考察实际情况，根据项目的实际情况核算项目所需的能源消耗和新设备需求。在项目实施过程中，应与用户保持密切沟通，根据用户需求进行合理的配置施工，严格按照施工设计图纸进行施工，并保持及时沟通，记录并进行后期改善。用户自主全资模式项目流程如图4-1所示。

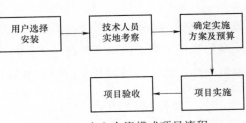

图4-1 自主全资模式项目流程

（2）实例。2010年11月4日，国家发展改革委、工业和信息化部、财政部、国务院国资委、国家电力监管委员会、国家能源局联合下发了《电力需求侧管理管理办法》，进一步明确了鼓励用户采用冰蓄冷技术。天津市北辰区某大厦属于天辰科技园一期工程，属于办公建筑，其冰蓄冷项目于2011年5月建成并投入使用。在该大厦冰蓄冷项目中，投资单位和业主单位都是某科技园开发（天津）有限公司，资金来源单一，最终由该公司享有项目效益。

✋2 政府财政投资

（1）政府财政投资指的是政府为了实现其职能，满足社会公众需要，实现经济和社会发展战略，投资资金将其转化为实物资产的形成和过程。按照建设项目的性质可以把政府投资项目分成经营性和非经营性两大类。经营性项目包括港口、机场、电厂、水厂以及煤气、公共交通等设施项目，建成后有长期、持续、稳定的收益，项目自身具备一定的融资能力。对此类经营性政府投资项目采用项目法人责任制，法人不仅负责项目筹划、设计、概算审定、招标定标。建设实施，还需要承担部分资金筹措，投资控制甚至生产经营管理，归还贷款以及资产保持增值的责任。非经营性项目包括文化、教育、卫生、科研、党政机关、政法和社会团队等投资建设项目，视为社会发展服务的，由政府作为单一主体投资建设，建成后由相关单位无偿使用，很难产生直接的汇报。很明显这类项目不适用项目法人责任制的管理模式，在管理模式上与经营性政府投资项目是不同的，对非经营性政府投资项目采取项目专业化管理是一种趋势，在电能替代投资模式中，在涉及农业等方面的投资，政府出全资对电力灌溉等项目进行改造，方便农业灌溉用水。

（2）实例。在河南南阳某区电排灌替代项目中，为了解决由于早期灌溉设施缺乏维护，部分设施老化无法使用而造成的灌溉难题以及柴油机灌溉的低效率高污染的问题，按照"新农村、新电力、新服务"的农电发展战略和"三农"发展战略要求，由政府投资建设电排灌设施，满足农业灌溉要求。

二、合作经营模式

☀❶ BOT 模式

（1）BOT 模式，即 Build-Operate-Transfer 字母缩写，建设→经营→移交，由项目公司负责基础设施项目的投融资、建造、经营和维护；在规定的特许期内，项目公司拥有投资建造设施的所有权（但不是完整意义上的所有权），允许向设施的使用者收取适当的费用，并以此回收项目投融资、建造、经营和维护的成本费用，偿还贷款；特许期满后，项目公司将设施无偿移交给当地政府或企业。

（2）实例。山东省首座地下污水处理厂——烟台开发区古现污水处理厂，采用 BOT 模式，该模式能够很有效的纾解当地政府的资金压力，可以吸收民间资本为当地公用事业服务，还能节约当地行政支出，这样，政府有更多精力做好监管工作，像这样的污水处理厂，只需 30 左右人就能正常运转，还引进了先进专业技术，让专业人做专业事。

☞❷ TOT 模式

（1）TOT 模式，即 Transfer-Operate-Transfer 字母缩写，移交→经营→移交，指当地政府或企业把已经建好投产运营的项目，有偿转让给投资方经营，一次性从投资方获得资金，与投资方签订特许经营协议，在协议期限内，投资方通过经营获得收益，协议期满后，投资方再将该项目无偿移交给当地政府管理。

（2）实例。近日，康达环保以 9300 万元，收购绥化一期污水处理 TOT 项目，特许经营期限为 30 年。

③ PPP 模式

（1）PPP 模式，即 Public-Private-Partnership 字母缩写，公私合营模式。从公共事业的需求为目的，政府与私人组织，共同合作，共同开发、投资建设、维护运营，并签署合同，明确双方权利和义务，共同承担责任和融资风险。

（2）实例。近日，重庆巴南区市政园林管理局与重庆环卫集团签署协议，首个以 PPP 模式购买餐厨垃圾处理服务，预计每年将可为巴南节省近一半的餐厨垃圾处理方面费用，减轻巴南区财政投入，充分发挥重庆环卫集团在餐厨收运方面的技术、设备、管理优势。

④ BOO 模式

（1）BOO 模式，即 Building-Owning-Operation 字母缩写，建设→拥有→运营，谁建设谁运营模式。政府或企业赋予承包商特许权，可以建设特许经营项目，投资、产权归属和运营责任同属承包商，利于管理。

（2）实例。迪森股份与湖北宜昌高新技术产业开发区签署生物质供热项目框架协议，以 BOO 模式在东山园区建设 $3 \times 15t/h$ 生物质成型燃料集中供热站，为园区提供相当于 12 万蒸吨热量；中电环保在南京的污泥协同焚烧处置 BOO 项目正按计划实施，项目处于设备安装阶段。

⑤ 设备租赁模式

（1）设备租赁是设备的使用单位向设备所有单位（如租赁公司）租赁，并付给一定的租金，在租赁期内享有使用权，而不变更设备所有权的一种交换形式。设备租赁分为经营租赁和融资租赁两大类。设备租赁的方式主要有以下几种：

1）直接融资租赁：根据承租企业的选择，向设备制造商购买设备，并将其出租给承租企业使用。租赁期满，设备归承租企业所有。适用于固定资产、大型设备购置；企业技术改造和设备升级。

2）售后回租：承租企业将其所有的设备以公允价值出售给租赁方，再以融资租赁方式从租赁方租入该设备。租赁方在法律上享有设备的所有权，但实质上设备的风险和报酬由承租企业承担。适用于流动资金不足的企业，具有新投资项目而自有资金不足的企业，持有快速升值资产的企业。

3）联合租赁：租赁方与国内其他具有租赁资格的机构共同作为联合出租

人，以融资租赁的形式将设备出租给承租企业。合作伙伴一般为租赁公司、财务公司或其他具有租赁资格的机构。

4）转租赁：转租赁是以同一物件为标的物的融资租赁业务。在转租赁业务中，租赁方从其他出租人处租入租赁物件再转租给承租人，租赁物的所有权归第一出租方。此模式有利于发挥专业优势、避免关联交易。

5）融资租赁。融资租赁是指由双方明确租让的期限和付费义务，出租者按照要求提供规定的设备，然后以租金形式回收设备的全部资金，出租者对设备的整机性能、维修保养、老化风险等不承担责任。该种租赁方式是以融资和对设备的长期使用为前提的，租赁期相当于或超过设备的寿命期，具有不可撤销性、租期长等特点，适用于大型机床、重型施工等贵重设备；融资租人的设备属承租方的固定资产，可以计提折旧计入企业成本，而租赁费一般不直接计入企业成本，由企业税后支付。但租赁费中的利息和手续费可在支付时计入企业成本，作为纳税所得额中准予扣除的项目。

（2）案例。中石油苏北采油厂配电设备租赁。中石油苏北采油厂是实施配电设备租赁的一家大型企业，苏北采油厂有很多设备是靠柴油发电驱动。油厂位于茅山东村油田的钻机，就是由 3 台大功率柴油发电机提供动力。

钻机是油田开采的核心设备，也是耗能巨大的设备。初步计算，3 台柴油发电机每年消耗柴油约 1000t，按 0 号柴油 6000 元/t（2015 年市价）计算，年运行费用约 600 万元，占到企业总体成本的三成。另外，柴油机发出的巨大噪声以及燃油排放造成的污染，已经给员工和周边环境带来消极影响。以前市场环境不错，可开采油田资源多，钻机的燃料成本基本不太影响企业的业绩，但现在市场不同往日，能源价格攀升，减排任务目标较重，降低钻机的燃料成本成为了采油厂必须重点考虑的一项事情。据测算，如果钻机直接采用电能驱动，年消耗电能 420 万 kWh，按现行电价 0.860 1 元/kWh 计算，年运行费用约 360 万元，年可节约 240 万元。

综合以上，采用电能替代的方式对采油厂的设备进行改造，项目的经济效益和社会效益非常显著。泰州供电公司、茅山东村油田项目部以及设备制造厂商三方商议后签订租赁使用协议，协议 10 年一签，租金每年一付，并明确各自履行的权利和义务。

泰州供电公司负责提供临时用电方案现场审批、接入工程简化、图纸预审、工程预验收等服务，确保接电周期在 15 天以内，并提供后续安全用电技术指导和设备巡查，指导客户开展隐患消缺工作。这无形中消除了茅山东村油田项目部担心的设备运维的技术问题。

设备制造厂商是设备产权的归属方，负责租赁设备的安装施工、电气试验和故障抢修等工作，承担非使用原因导致损坏的元器件的修复责任，费用包含在租赁费用内，减少了设备使用企业的担忧。一家泰州本地的设备企业决定先期投资 120 万元购置 1 台 2500kV 欧式箱式变压器，与茅山东村油田项目部签订长期租赁使用协议，租赁价格每月 8 元/kV，合计租金约 2 万元/月。按此计算，该设备企业可获得 24 万元/年的箱式变压器租赁收益，约 5 年即可收回投资。按照箱式变压器使用寿命 10 年计算，年预计可获得约 120 万元收益。

茅山东村油田项目部在协议期间拥有设备的使用权，负责设备日常运行和维护保养工作，定期向设备投资方支付租赁费用，承担因使用不当导致的损坏设备的修复责任。

随着项目推进，效益逐渐显现出来。苏北采油厂茅山东村油田项目部，钻机"油改电"前期投资由原有的 470 万元降低至 350 万元，年节约运行费用 240 万元，增加箱式变压器租赁费 24 万元，实际节约 216 万元，20 个月即可全部收回投资成本。泰州供电公司年可实现增售电量 420 万 kWh，可增加近 360 万元售电收入。更重要的是，钻机实施电能替代后带来的不仅仅是经济效益，还有节能减排效益。

2015 年 6 月，茅山东村油田钻机"以电代油"项目顺利投运。截至去年 12 月年底，泰州供电公司在该项目的售电量已经超过 200 万 kWh。此外，该项目在江苏泰州地区也产生了很好的示范引领效应，带动了一批企业规模大、收益比较稳定的企业参与到了电能替代项目中来。

第三节　电能替代实施流程

一、实施流程概述

实施流程见图 4-2。

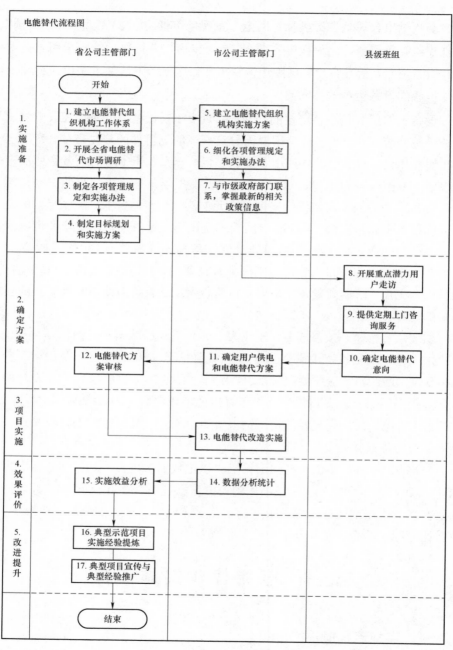

图 4－2　实施流程图

二、主要流程说明

进行市场调研，确定电能替代方向和目标。

（1）积极开展电能替代宣传。研究分析各类用户用电特点，对客户进行细分，结合现有政策环境，采取有针对性的宣传推广策略。

（2）积极与发改委、经信委、环保局、技术监督局等政府部门联系，搜集学校燃煤（油、气）锅炉以及重点煤、气、油改造计划，全面、准确掌握第一手信息和资料，为研究和制定电能替代措施提供可靠依据。

（3）积极推政府出台扶持政策。利用节能减排的有利大环境，促使政府出台相关扶持政策，降低用户初期投入成本，调动用户的电能替代改造积极性。

（4）了解用户电能替代改造需求，达成合作意向。

1）根据搜集的信息，对学校、商场、工厂等重点行业和重点用户进行走访，了解用户电能替代改造需求。

2）对于有电能替代改造潜力的用户，及时联系省节能公司技术人员进行用户跟踪服务，随时为用户提供咨询。

（5）编制用户电能替代改造方案。

1）对用户电能替代方案与其供电方案整合考虑，并对方案运行的经济性做详细分析，确保用户能按期收回改造成本。

2）在确保电网利益不受损失的前提下，为用户提供一定政策上的优惠，实现用户和供电企业的"双赢"。

（6）项目实施和总结推广。

1）对电能替代项目运行后的经济效益做分析。

2）提炼项目实施和运行过程中的优秀经验形成典型示范工程，进一步宣传推广。

三、典型案例分析

☆❶ 项目名称

2012年湖北日报传媒集团新闻交流中心新能源热力站电能替代项目。

②实施背景

湖北日报传媒集团新闻交流中心位于武汉市武昌区黄鹂路与东湖路的交汇处黄鹂路段，是由湖北日报传媒集团投资按五星级标准建设的国际化新闻交流中心。

湖北日报传媒集团新闻交流中心新能源热力站项目，是武汉供电公司主导并推广的电能替代典型项目，是在原热水系统设计的基础上为降低新闻交流中心一次能源消耗，而建设的一个综合的热力系统。该系统集新能源技术、废水、废热回收与低品位热能循环再利用技术相结合，充分利用新闻交流中心自身周边的各种热源条件，建设新能源热力站，满足新闻交流中心四季需求卫生热水的条件。该项目通过能源的综合利用，合理规避了目前电价政策带来的影响，是国网公司电能替代和国家节能减排工作有机结合的典范。

③新老方案对比

（1）原设计供热概况。原设计新闻交流中心客房、职工澡堂、游泳池及其淋浴系统每天总用 60℃生活热水量 160t，生活热水加热由地下室三台并联的 CWNS1.75－90/70 的燃气锅炉为大楼冬季采暖、游泳池加热和生活热水加热提供热源。热水系统设计有一台 90t 的不锈钢保温热水箱，进水由浮球液位计控制，当水位下降浮球阀自动补水，挡水箱内温度低于一定设定值，锅炉停止加热。

（2）新能源热力站建设概况。新能源热力站是在原热水系统设计的基础上为降低新闻交流中心一次能源消耗，而建设的一个综合的热力系统。该系统集太阳能、锅炉烟气、洗浴废水、冷却塔余热、空气源五种热源相结合，由太阳能与双源热泵共同实现酒店供应生活热水工况。

（3）项目建设规模。本热力站项目主要建设规模和内容为：太阳能与建筑一体化设计安装工程、烟气余热回收工程、冷却余热回收工程、双源热泵热水系统安装工程。建设规模和内容如下：

1）太阳能与建筑一体化设计安装工程。在原裙楼屋顶结构梁上进行太阳能钢架制作，与屋顶结构层整体连接，太阳能与钢结采用高强螺栓挂钩连接，钢架上铺设 470m² 高效平板太阳能，每 10 块一个阵列。

2）烟气余热回收工程。在锅炉房烟囱沿建筑外墙烟道露出九层屋顶段，将原设计屋顶不锈钢烟道割断，制作与原烟道与烟气节能器同样大小的进出口法兰，烟气节能器余热回收量按 6 蒸吨的燃气热水炉烟气量进行配置，在设计满负荷的工况下，最大回收余热量为 350kW/h，正常回收烟气余热量为 200～250kW/h，烟气节能器进出口管道与系统调温水箱进行连接，采用强制循环的方式将烟气的热量带入调温水箱中。

3）冷却余热回收工程。屋顶常规空调系统配置有 7 台并联的方形冷却塔，单台方形冷却塔冷却水量为 1500m³/h，正常工作情况下开启 4 台冷却塔，冷却塔散热量每小时约 4000kW。考虑到酒店生活热水的水量和系统的合理化配置，冷却余热回收部分配置一台回收量为 650kW 的高效板式换热器为双源热泵提供热源。热源侧装设有过滤器装置，防止冷却系统杂质堵塞换热器，热回收侧直接与储能调温水箱与双源热泵连接，将交换的热量供给双源热泵机组。

4）双源热泵热水系统安装工程。利用夜间 0：00～早晨 8：00 之间低谷电作为双源热泵的驱动电源加热卫生热水。为了保障系统的连续工作，楼顶设计两台 12t 的不锈钢保温热水箱轮流倒换进水与放水，双源逐个往复进行加热。加热后的水直接排往地下室 90m³ 的生活热水箱中。系统管路为并联设计安装，分为热水循环管路、热回收循环管路、自来水进水管路和热水放水管路，均有电控阀自动控制。

🔲④ 经济效益对比分析

其实作为客户来说，当前最主要的无非就是每年能够节约多少钱，这也是最直接的衡量电能替代项目的可行性、经济性的一种方式。本工程根据运行实际情况看来，每加热 1t 水的能耗费用约为 4.8 元钱左右，而采用燃气锅炉加热 1t 水的运行费用约在 22 元左右，直接降低每吨水成本 17.2 元/t，按照酒店设计每天 160t 热水的消耗情况，按热水年平均使用率 0.7 计算，年节省运行费用 70 万元，另外太阳能系统每年可免费提供 9000～12 000t 的热水，相当于节省 19.8～26.4 万元的运行管理费用。综合下来每年最少可节省 90 万元以上的运行管理费用，作为酒店来说，2～3 年即可收回投资费用；对于供电企业来说，用户放弃了原本准备实施的燃气锅炉方案，改变为使用电能综合利用方案，每年增加售电量 67.6 万 kW/h，供电企业和用户的双赢。

⏱⑤ 现场工程实例

现场工程实例见图4-3～图4-6。

图4-3　太阳能集热区

图4-4　源热泵工作区

图4-5　气热回收工作区

图 4-6　冷却塔余热回收工作区

第四节　电能替代业务支撑

一、电能替代产业联盟

电能替代产业联盟由国家电网公司各级公司、节能服务公司、设备供应商等相关利益方，为了更好地推广电能替代项目和服务用户而结合成的联盟。例如，国网福建电力公司为了加大电能替代项目实施力度，在积极争取政府部门出台电能替代支持性政策的同时，组织节能服务公司协调电能替代设备生产商、销售商，建立电能替代联盟，采取上门推介电能替代技术，提供可能性分析报告，举办产品推广会，发放电能替代宣传单页，与一些知名电器销售商、房地产开发商签订家庭电气化推广合作协议等形式，推动电能替代潜在项目落地；及时为用户提供电能替代咨询、设计、施工、运维等全方位服务，为电能替代项目开辟绿色通道，优化供电方案，降低用户初期投入。

二、能效服务网络小组

能效网络小组是一种新型的电力需求侧电能需求管理可视化模式，是以国家电脑网公司营销组织体系为基础，依靠营销网络优势，引领社会用能单位参与或主动实施节能，普遍提高社会节能意识的服务型组织；也是国家电网公司完成国家《电力需求侧管理办法》规定的节能量指标，丰富电网公司品牌内涵，履行企业社会责任的重要载体。

能效服务网络的建立，是深入贯彻国家电能替代发展战略，落实国家《电力需求侧管理办法》要求，提高社会能源利用效率，更好地履行社会责任，促进国家电网公司能效服务网络规范建设和持续发展。能效服务网络作为国家电网公司节能服务体系的主要组成部分，由国家电网公司各级营销部及各地市（或县）公司组建的能效服务活动小组（简称活动小组）组成。活动小组是能效服务网络的基本工作单位。能效服务网络及其活动小组通过展开多种活动，增强用能单位进行节能的积极性和主动性，为节能服务市场创造良好发展环境；汇总、统计节能服务公司、用能单位完成的节能量，总结整理能效管理典型的成功案例材料，通过能效管理数据平台上报国家电网公司总部，并维护能效管理数据平台的相关信息。

目前，国家电网公司分别在经营区域的 26 个省（自治区、直辖市）成立了节能服务公司，成立了 575 个能效服务网络小组，小组成员企业达 5695 家，构成了覆盖公司经营区域的能效服务网络。

国家电网公司营销部是能效服务网络的归口管理部门；各省公司营销部是能效服务网络的组织管理部门；各地市（或县）公司营销部是能效服务网络活动小组的建设实施部门。各级各部门具体职责如下：

☼❶ 国家电网公司营销部主要职责

（1）负责制定能效服务网络的管理制度。

（2）负责组织能效服务网络建设、管理及培训。

（3）负责编制国家电网公司系统能效服务网络工作计划和发展计划。

（4）负责指导各省公司开展能效服务网络活动，手机、维护能效数据等信息，并对各省公司能效网络工作进行监督、评价与考核。

☝❷ 各省公司营销部主要职责

（1）负责编制本地区能效服务网络管理实施细则及相关配套制度。

（2）负责编制上报本单位能效服务网络年度工作计划和专项工作报告。

（3）汇总、统计节能服务公司、用能单位完成的节能量，总结整理能效管理典型成功案例材料，通过能效管理数据平台上报公司总部。

（4）负责建设能效管理专家库。

（5）负责对各地市（或县）公司能效服务网络活动小组的工作开展情况进行监督、评价与考核。

❸ 各地市（或县）公司营销部主要职责

（1）负责组建活动小组，并制定小组活动章程。

（2）负责编制活动小组拓展计划及活动方案，并组织实施。

（3）负责汇总、统计本地用能单位完成的节能量，编制能效管理典型案例材料并上报省公司营销部。

（4）负责维护能效管理数据平台的相关信息，畅通与用能单位的能效信息交流渠道，手机整理用能单位的节能意愿和信息，向用能单位提供有关节能的技术信息咨询和培训、能效诊断、项目实施等服务。

能效服务网络工作小组由组长单位组织活动，各成员单位自愿参与，主要内容包括成员单位基本信息管理、能效数据与节能项目统计、初步能源审计与咨询、节能政策法规宣传、节能标准宣贯、节能技术讲座、节能经验交流、新技术与新产品推广、现场参观学习、年度计划于工作总结等。

三、电能服务管理平台

2008 年 1 月，国家发展改革委员会办公厅、财政部办公厅和国家电网公司办公厅联合发布《关于在江苏省苏州市开展电力需求侧管理综合试点工作的通知》。2008 年 10 月，国家发展改革委紧急运行调节局，下达"电力需求侧管理信息服务平台"项目任务书。2009 年 4 月平台第一阶段建设完成，开始用户试点工作。2009 年 6 月平台第一批用户全部上线。2009 年 7 月平台通过了国家发改委、财政部、国网电网公司等验收，标志着电力需求侧管理公共服务平台取得阶段性省力。2009 年 12 月，国家发展改革委发布"电力需求侧管理信息服务平台"项目成果验收证书，指出平台是"可复制，易推广"的成功发展模式。2010 年 6 月，国家发改委信息第 754 期指出，我国第一个电力需求侧管理服务平台——中国电能服务网，为节能减排开拓了一条"能实现、可借鉴、易推广"的新途径。

能效管理数据平台是由国家发改委提出建设，国家电网公司承建并组织统一设计和开发，实现政府节能减排管理和经济运行分析，提高电力用户能效水平，全面支撑公司电能替代的服务体系的网络平台。服务对象包括国家电网公司、能源服务公司、工商业企业和各级政府四大类。对于国家电网公司而言主要使用能效管理平台模块，服务内容包含电能数据信息、国家电网能效服务网络小组管理、电能替代项目管理、技术咨询与培训项目和数据信息、节能量数据资源和测评模式。对能源服务公司主要使用技术服务平台模块，包括国内外先进节能技术知识信息、能效服务网络活动信息发布、电能替代服务方案的数据支撑、节能量审核与验证。对工商业企业而言，主要使用能效服务平台模块，主要报能源使用成本统计、分析；能源消耗数据对比分析与能耗评估；用能系统节能运行管理；用户能源消耗的远程分析；用户配电网节能运行分析；故障报警、远程诊断及处理；全面、准确、实时监视单位能源系统运行状况；电能委托管理。对各级政府而言，主要使用宏观能效分析平台模块，包括各行业和地区能效数据；提供各行政区域内能耗统计报表；为能源审计与节能评估提供支撑；节能量审核与验证；节能量统计与分析。

附　录

附录 A　　　各类电能替代技术运行时间及负荷系数参数取值表

序号	技术名称	运行时间 T		负荷系数 K	
1	电锅炉	采暖电锅炉	见本书附录 B	直热式电锅炉	0.6
		工业电锅炉	5000h/a	电蓄热锅炉	0.8
2	电窑炉	5000h/a		0.7	
3	热泵	参见附录 B		0.7	
4	电蓄冷	参见附录 B		0.8	
5	分散电采暖	参见附录 B		分体电空调和有温控的分散电采暖设备	0.6
		参见附录 B		无温控的分散电采暖设备	1.0
6	商用电炊具	5h/d		0.8	
7	电制茶/电烤烟	8h/d		0.5	
8	农业电排灌	8h/d		1.0	
9	油田电钻机	8h/d		1.0	
10	油气管线电力加压站	8000h/a		0.3	
11	龙门吊	8h/d		0.3	
12	港口岸电	8h/d		0.8	
13	岸电入海	5000h/a		0.8	
14	机场桥载电源	8h/d		0.7	
15	其余类项目	按照实际情况选取		按照实际情况选取	

注：电动车包括电动自行车、电动摩托车、电动三轮车、微型四轮观光车、电动汽车等，对于通过专用充换电设施经营场所进行充电的电动汽车，应列入直接计量类，对于通过居民家庭内充电的电动车，应列入统计测算类；对于无专用充电装置的其他类电动车，根据不同类比电动汽车保有量年度增加量、单位行车距离电耗和平均行驶公里数乘积进行计算统计。

附录 B　　　　　**各省供暖供冷电能替代项目年运行时间表**　　　　单位：h

气候分区	省份	分散电采暖	蓄热式电锅炉	直热式电锅炉热泵供热	热泵供冷	电蓄冷空调
严寒地区（供暖 6 个月，不供冷）	黑龙江	2160	1440	2880	—	—
	蒙东	2160	1440	2880	—	—
寒冷地区（供暖 5 个月，基本不供冷）	吉林	1800	1200	2400	—	—
	青海	1800	1200	2400	—	—
	甘肃	1800	1200	2400	—	—
冬寒夏热地区（供暖 5 个月，供冷 3 个月；新疆供暖 6 个月，供冷 2 个月）	北京	1800	1200	2400	900	720
	冀北	1800	1200	2400	900	720
	宁夏	1800	1200	2400	900	720
	辽宁	1800	1200	2400	900	720
	新疆	2160	1440	2880	600	480
冬冷夏热地区（供暖 4 个月，供冷 3 个月）	山西	1440	960	1920	900	720
	天津	1440	960	1920	900	720
	河北（南部）	1440	960	1920	900	720
	山东	1440	960	1920	900	720
	河南	1440	960	1920	900	720
	陕西	1440	960	1920	900	720
	西藏	1440	960	1920	900	720
夏热冬凉地区（供暖 2 个月，供冷 4 个月）	上海	720	480	960	1200	960
	江苏	720	480	960	1200	960
	浙江	720	480	960	1200	960
	安徽	720	480	960	1200	960
	湖北	720	480	960	1200	960
	湖南	720	480	960	1200	960
	江西	720	480	960	1200	960
	四川	720	480	960	1200	960
	重庆	720	480	960	1200	960
夏热冬热地区（供冷 5 个月，基本不供暖）	福建	—	—	—	1500	1200

注：1. 气候分区标准参考 GB 50178—1993《建筑气候互划标准》。
　　2. 分散电采暖日运行时间按 12h 计，蓄热式电锅炉和电蓄冷空调日运行时间按 10h 计，直热式电锅炉/热泵供暖日运行时间按 16h 计，热泵供冷日运行时间按 10h 计。

附录 C　　　　　　　　　　　还 费 用 系 数 表

年限	利　率										
	3.50%	3.75%	4.00%	4.25%	4.50%	4.75%	5.00%	5.25%	5.50%	5.75%	6.00%
2	0.526 4	0.528 3	0.530 2	0.532 1	0.534 0	0.535 9	0.537 8	0.539 7	0.541 6	0.543 5	0.545 4
3	0.356 9	0.358 6	0.360 3	0.362 1	0.363 8	0.365 5	0.367 2	0.368 9	0.370 7	0.372 4	0.374 1
4	0.272 3	0.273 9	0.275 5	0.277 1	0.278 7	0.280 4	0.282 0	0.283 7	0.285 3	0.286 9	0.288 6
5	0.221 5	0.223 1	0.224 6	0.226 2	0.227 8	0.229 4	0.231 0	0.232 6	0.234 2	0.235 8	0.237 4
6	0.187 7	0.189 2	0.190 8	0.192 3	0.193 9	0.195 4	0.197 0	0.198 6	0.200 2	0.201 8	0.203 4
7	0.163 5	0.165 1	0.166 6	0.168 2	0.169 7	0.171 3	0.172 8	0.174 4	0.176 0	0.177 5	0.179 1
8	0.145 5	0.147 0	0.148 5	0.150 1	0.151 6	0.153 2	0.154 7	0.156 3	0.157 9	0.159 4	0.161 0
9	0.131 4	0.133 0	0.134 5	0.136 0	0.137 6	0.139 1	0.140 7	0.142 3	0.143 8	0.145 4	0.147 0
10	0.120 2	0.121 8	0.123 3	0.124 8	0.126 4	0.127 9	0.129 5	0.122 0	0.132 7	0.134 3	0.135 9
11	0.111 1	0.112 6	0.114 1	0.115 7	0.117 2	0.118 8	0.120 4	0.122 0	0.123 6	0.125 2	0.126 8
12	0.103 5	0.105 0	0.106 6	0.108 1	0.109 7	0.111 2	0.112 8	0.114 4	0.116 0	0.117 6	0.119 3
13	0.097 1	0.098 6	0.100 1	0.101 7	0.103 3	0.104 9	0.106 5	0.108 1	0.109 7	0.111 3	0.113 0
14	0.091 6	0.093 1	0.094 7	0.096 2	0.097 8	0.099 4	0.101 0	0.102 6	0.104 3	0.105 9	0.107 6
15	0.086 8	0.088 4	0.089 9	0.091 5	0.093 1	0.094 7	0.096 3	0.098 0	0.099 6	0.101 3	0.103 0
16	0.082 7	0.084 2	0.085 8	0.087 4	0.089 0	0.090 6	0.092 3	0.093 9	0.095 6	0.097 3	0.099 0
17	0.079 0	0.080 6	0.082 2	0.083 8	0.085 4	0.087 1	0.088 7	0.090 4	0.092 0	0.093 7	0.095 4
18	0.075 8	0.077 4	0.079 0	0.080 6	0.082 2	0.083 9	0.085 5	0.087 2	0.088 9	0.090 6	0.092 4
19	0.072 9	0.074 5	0.076 1	0.077 8	0.079 4	0.081 1	0.082 7	0.084 4	0.086 2	0.087 9	0.089 6
20	0.070 4	0.072 0	0.073 6	0.075 2	0.076 9	0.078 6	0.080 2	0.082 0	0.083 7	0.085 4	0.087 2
21	0.068 0	0.069 6	0.071 3	0.072 9	0.074 6	0.076 3	0.078 0	0.079 7	0.081 5	0.083 2	0.085 0
22	0.065 9	0.067 6	0.069 2	0.070 9	0.072 5	0.074 2	0.076 0	0.077 7	0.079 5	0.081 2	0.083 0
23	0.064 0	0.065 7	0.067 3	0.069 0	0.070 7	0.072 4	0.074 1	0.075 9	0.077 7	0.079 5	0.081 3
24	0.062 3	0.063 9	0.065 6	0.067 3	0.069 0	0.070 7	0.072 5	0.074 2	0.076 0	0.077 8	0.079 7
25	0.060 7	0.062 3	0.064 0	0.065 7	0.067 4	0.069 2	0.071 0	0.072 7	0.074 5	0.076 4	0.078 2
26	0.059 2	0.060 9	0.062 6	0.064 3	0.066 0	0.067 8	0.069 6	0.071 4	0.073 2	0.075 0	0.076 9
27	0.057 9	0.059 5	0.061 2	0.063 0	0.064 7	0.066 5	0.068 3	0.070 1	0.072 0	0.073 8	0.075 7
28	0.056 6	0.058 3	0.060 0	0.061 8	0.063 5	0.065 3	0.067 1	0.069 0	0.070 8	0.072 7	0.074 6
29	0.055 4	0.057 1	0.058 9	0.060 6	0.062 4	0.064 2	0.066 0	0.067 9	0.069 8	0.071 7	0.073 6
30	0.054 4	0.056 1	0.057 8	0.059 6	0.061 4	0.063 2	0.065 1	0.066 9	0.068 8		0.070 7